G. Oluseyi Daramola

Caracterização geoeléctrica do aquífero na zona de Mowe, na Nigéria

AF293889

G. Oluseyi Daramola

Caracterização geoeléctrica do aquífero na zona de Mowe, na Nigéria

Levantamento geofísico

ScienciaScripts

Imprint

Any brand names and product names mentioned in this book are subject to trademark, brand or patent protection and are trademarks or registered trademarks of their respective holders. The use of brand names, product names, common names, trade names, product descriptions etc. even without a particular marking in this work is in no way to be construed to mean that such names may be regarded as unrestricted in respect of trademark and brand protection legislation and could thus be used by anyone.

Cover image: www.ingimage.com

This book is a translation from the original published under ISBN 978-620-7-64926-6.

Publisher:
Sciencia Scripts
is a trademark of
Dodo Books Indian Ocean Ltd. and OmniScriptum S.R.L publishing group

120 High Road, East Finchley, London, N2 9ED, United Kingdom
Str. Armeneasca 28/1, office 1, Chisinau MD-2012, Republic of Moldova, Europe
Printed at: see last page
ISBN: 978-620-7-71967-9

Copyright © G. Oluseyi Daramola
Copyright © 2024 Dodo Books Indian Ocean Ltd. and OmniScriptum S.R.L publishing group

DEDICAÇÃO

Este trabalho de investigação é dedicado a Deus Todo-
Poderoso

RECONHECIMENTO

A realização bem sucedida deste projeto foi possível graças à ajuda de Deus Todo-Poderoso, a Ele seja dada toda a glória.

A minha sincera gratidão ao meu supervisor, Prof. K.F Oyedele, pelo seu apoio no decurso deste projeto, que Deus o abençoe.

À minha mulher, Funke Daramola, que foi a inspiração e a motivação por detrás do êxito deste programa, o meu muito obrigado. E aos meus filhos, Temiloluwa e Teniola Daramola, agradeço sinceramente o vosso apoio, Deus vos abençoe a todos.

Gostaria também de agradecer aos meus queridos pais, Sr. e Sra. T.A Daramola (JP) e aos meus irmãos, Sra. Grace Elegun, Sra. Gloria Bodunde, Sr. Taiwo Daramola e Sr. Kenny Daramola, pelas vossas orações e apoio.

Não posso esquecer o apoio que recebi dos professores e do pessoal do departamento de Geociências, especialmente do coordenador do programa, Dr. S. Oladele, que Deus o abençoe.

Gostaria de agradecer a todos os meus colegas de turma, vocês são os melhores. Desejo-vos a todos um grande futuro.

ÍNDICE DE CONTEÚDOS

RESUMO

As características geoeléctricas do aquífero na zona de Mowe, no Estado de Ogun, foram realizadas utilizando técnicas integradas de Sondagem Eléctrica Vertical (VES) e de Percurso de Separação Constante (CST). O objetivo era avaliar o potencial das águas subterrâneas da área. Vinte e cinco (25) pontos VES foram ocupados ao longo de cinco (5) linhas CST utilizando a configuração de eléctrodos schlumberger e wenner array e adquiridos com o medidor de resistividade PASI. Os resultados mostraram que existem três a cinco camadas geo-eléctricas na área de estudo, que são: solo superficial, areia/areia argilosa, argila/argila arenosa/areia argilosa/areia argilosa, areia/argila e argila arenosa. A resistividade do solo superficial varia de 28 Ωm a 184 Ω com espessura de 0,8 m a 2,1 m A primeira unidade aquífera foi identificada como a segunda camada dentro da profundidade de 2,4 m a 41,7 m com valores de resistividade variando de 115 Ωm a 609 Ωm e espessura de 1.6 m a 40,8 m e como a terceira camada nos VES 4, 5, 6 e 20 com valores de resistividade variando de 101 Ωm a 308 Ωm e espessura de 15,4 m a 53,7 dentro da profundidade de 23,6 m a 73,0 m. O segundo aquífero foi identificado como a quarta camada nos VES 3, 4, 5, 14, 15, 19 e 21. A resistividade desta camada varia entre 110 Ωm e 659 Ωm. Este estudo revelou, de um modo geral, que a área de estudo tem unidades aquíferas superficiais e profundas e que as causas do insucesso da perfuração se devem à inocorrência da unidade aquífera superficial em algumas partes da área.

Palavra-chave: Potencial de água subterrânea, geoeléctrica, formação, sondagem eléctrica vertical (VES), travessia de separação constante (CST).

CAPÍTULO UM

INTRODUÇÃO

1.1   Antecedentes do estudo

A técnica de resistividade eléctrica envolve a medição da resistividade aparente de solos e rochas em função da profundidade ou posição. O método de exploração geofísica é o método mais aplicado na exploração de águas subterrâneas em áreas onde existe um bom contraste de resistividade eléctrica entre as formações portadoras de água e as rochas subjacentes (Nejad, 2009); e para a pesquisa de reconhecimento de minerais de importância económica. O método foi reconhecido como sendo mais adequado para o levantamento hidrogeológico de bacias sedimentares (Kelly e Stanislav, 1993); para a determinação da profundidade, espessura e limite de um aquífero (Omosuyi et al., 2007, Ismail, 2005); na determinação do potencial das águas subterrâneas (Oseji et al, 2005); na exploração de reservatórios geotérmicos (El-Qady, 2006); na estimativa da condutividade hidráulica de um aquífero (Khalil e Monterio, 2009; Yadav, 1995); na caraterização de aquíferos (Mbonu et al., 1991); no mapeamento de plumas de lixiviados de contaminantes de águas subterrâneas, fonte de contaminantes, caminhos de migração e profundidade (Griffiths e Barkers, 1993); e na delineação de estruturas de subsolo da Bacia de Bida centro-sul (Idornigie e Olorunfemi, 1992), entre outros. A água subterrânea é um recurso renovável e um bem essencial para a humanidade. Quando a chuva cai, parte da água flui na superfície da terra e acumula-se em cursos de água, enquanto outra parte afunda-se no solo devido ao efeito da gravidade, passando entre as partículas do solo e o cascalho ou rocha até atingir o aquífero. A velocidade a que a água subterrânea flui depende do tamanho dos espaços nos solos ou da forma como os espaços estão ligados. À medida que a água percola da superfície através de diferentes camadas para o aquífero, existe a possibilidade de os contaminantes serem transportados e, por conseguinte, a necessidade de compreender a formação e as características do aquífero com o objetivo de determinar se o aquífero é ou não propenso a contaminação. O método da resistividade eléctrica tem sido a ferramenta geofísica mais utilizada para a investigação das águas subterrâneas devido às suas vantagens, que incluem a simplicidade da técnica de campo e o procedimento de tratamento de dados (Anomohanran, 2013).

O método permite a determinação da resistividade do subsolo através do envio de uma corrente eléctrica para o solo e da medição do potencial elétrico produzido pela corrente. A distribuição da resistividade do solo está por vezes relacionada com algumas condições físicas como a litologia, a porosidade, o grau de saturação de água e a presença de vazios nas rochas.

Os métodos de resistividade, especialmente a Sondagem Eléctrica Vertical (VES), têm sido utilizados com sucesso na investigação de águas subterrâneas em diferentes contextos litológicos e fornecem informações detalhadas sobre a sequência vertical das diferentes zonas condutoras. O método é reconhecido como um meio eficaz, rápido e económico de obter detalhes das características eléctricas da subsuperfície em qualquer local. Além disso, a instrumentação é simples, a logística de campo é fácil e a análise dos dados é direta em comparação com outros métodos (Zohdy et al., 1974; Ekine e Osobonye, 1996; Sikander et al., 2010). O método de resistividade eléctrica que envolve as técnicas de sondagem eléctrica vertical (VES) e de separação constante (CST) foi, portanto, aplicado para abordar estas preocupações do problema das águas subterrâneas na área.

1.2   Localização da área de estudo

A área de estudo está situada em Mowe, no sudoeste do Estado de Ogun, na Nigéria.
Situa-se entre as latitudes 6^0 43" e 6^0 43'" e a longitude 3^0 24" e 3^0 24". A área tem
uma topografia ondulada que está coberta de povoações.

1.3   Acessibilidade da zona

A área é acessível através da via rápida Lagos - Ibadan e da via rápida Abeokuta.

1.4   Declaração do problema

O aumento da população da área de Mowe levou a um aumento da procura de água
para fins domésticos, o que se tornou uma preocupação séria ao longo dos anos. No
entanto, foi informado que algumas áreas não têm o privilégio de aceder a água
portátil, enquanto outras o têm devido à variação da profundidade da ocorrência de
águas subterrâneas. Assim, este estudo procura fornecer informações relevantes sobre
o problema acima referido utilizando o método da resistividade eléctrica envolvendo
as técnicas VES e CST.

1.5   Finalidade e objectivos

O objetivo da investigação é aplicar as técnicas de Sondagem Eléctrica Vertical (VES)
e de Travessia de Separação Constante (CST) para fornecer informações relevantes
sobre o potencial das águas subterrâneas da área. Os objectivos do estudo são:

- identificar camadas geoeléctricas subsuperficiais (geoeléctricas) com base nos
  valores de resistividade

- determinar a espessura e a profundidade de cada camada geo-eléctrica

- identificar a camada litológica (geológica)

- delinear a unidade aquífera com base nos valores de resistividade

- determinar a profundidade de ocorrência da unidade aquífera (em termos de aquífero superficial, intermédio e profundo).

- identificar o aquífero com boa produtividade.

- recomendar pontos de sondagem adequados para a perfuração a partir dos pontos acima referidos.

CAPÍTULO DOIS

REVISÃO DA LITERATURA

2.0 Trabalhos anteriores realizados sobre a utilização do método da resistividade eléctrica

Desde a década de 1960, foram realizados vários estudos para investigar a interação entre as propriedades geoeléctricas do aquífero e os seus parâmetros hidráulicos, tais como o parâmetro hidráulico, a condutividade hidráulica e a transmissividade, bem como a capacidade de proteção do aquífero. Esses estudos incluem os de Archie (1942), Zohdy (1976), Kelly (1977), Niwas e Singhal (1985), Salem (1999), Purvance e Andricevic (2000). Segue-se uma análise sucinta dos trabalhos relacionados com este estudo e das suas conclusões:

Aweto e Akpobories (2014) utilizaram sondagens geoeléctricas empregando a configuração Schlumberger para delinear aquífero(s) e estimar parâmetros hidráulicos em Orerokpe, no Delta do Níger Ocidental. Foram realizadas vinte (20) sondagens de profundidade com um espaçamento máximo entre eléctrodos de corrente de 400 m. Os dados de sondagem de profundidade adquiridos foram interpretados por correspondência de curvas parciais e técnicas iterativas de computador. Os resultados identificaram quatro camadas geológicas que incluem: solo superficial, argila/areia, argila arenosa/argila/areia e areia. As areias da terceira e quarta camadas geológicas constituem o aquífero, a profundidade do aquífero variou entre 6,4 m e 28,1 m com uma profundidade média de 17,5 m. A espessura do aquífero variou entre 15,1 m e 67,1 m com uma espessura média de 28,24 m. O valor da condutividade hidráulica (K) medido num poço de referência foi combinado com a condutividade eléctrica (σ) obtida a partir de dados de sondagem geoeléctrica, a relação de diagnóstico resultante

(Kσ = constante) foi combinada com os parâmetros de Dar-Zarrouk para estimar os valores da transmissividade e da condutividade hidráulica do aquífero. Os resultados indicaram que os valores de transmissividade do aquífero variavam entre 418,6 m2/dia e 1637,3 m2/dia, enquanto os valores de condutividade hidráulica variavam entre 10,50 m/dia e 45,71 m/dia. Os parâmetros estimados indicaram que o aquífero em setenta e cinco (75) por cento da área de estudo tem um potencial aquífero elevado, enquanto os restantes vinte e cinco (25) por cento têm um potencial aquífero moderado.

Ayolabi et al., (2009) efectuaram um levantamento geofísico utilizando o método da resistividade eléctrica no terreno permanente da Universidade de Agricultura de Abeokuta (UNAAB), estado de Ogun, sudoeste da Nigéria. Um número total de 46 estações de sondagem eléctrica vertical (VES) da Schlumberger foi ocupado com um espaçamento máximo entre eléctrodos (AB) de 200 metros. As unidades aquíferas são caracterizadas por areia, argila arenosa/areia argilosa e rochas fracturadas. O gráfico da resistividade do aquífero contra o coeficiente de anisotropia indicou que o subsolo da área de estudo é constituído por três tipos de rochas: Quartzito com resistividade do aquífero Na faixa de 50- 439 Ωm e coeficiente de anisotropia entre 1,01 e 1,18 O aquífero intemperizado para principalmente areia com bom a alto rendimento de água subterrânea; Granito-gnaisse com resistividade do aquífero na faixa de 40 -90 Ωm e coeficiente de anisotropia entre 1,18 e 1.88, alterado para uma mistura de argila e areia, com uma produção de água subterrânea baixa a média; Mica-xisto, com uma resistividade aquífera entre 16 e 40 Ωm e um coeficiente de anisotropia entre 1,3 e 2,3, alterado para uma maior quantidade de argila devido ao seu elevado teor de minerais ferromagnéticos e, como tal, com uma produção de água subterrânea nula a muito fraca.

No mapeamento dos potenciais das águas subterrâneas e na determinação da configuração estrutural do material subsuperficial, Moroof e Adeyemi, 2013 efectuam uma avaliação hidrogeológica dos recursos hídricos subterrâneos de parte da área de Abeokuta. Destacam o potencial dos aquíferos para fornecer abastecimento de água portátil, o carácter químico e a proveniência dos recursos hídricos subterrâneos da área. Setenta e cinco Sondagens Eléctricas Verticais (SVE) foram distribuídas por áreas cobertas por diferentes tipos de rocha. Isto foi complementado com cinquenta amostras de águas subterrâneas recolhidas de poços e analisadas para os iões principais e setenta e dois constituintes menores. Três a cinco camadas geo-eléctricas sub-superficiais foram delineadas a partir do VES. A resistividade da camada (Ωm) de cima para baixo varia de 24,2 - 6428,3, 9,1-2250,0, 13,4-11563,1, 65,1-6654,5 e 400,2-9095,3, enquanto a espessura das camadas (m) foi de 0,4-2,5, 0,6-30,0, 1,5-∞,3,4- ∞e a espessura indeterminável, respetivamente. Os coeficientes de reflexão do leito rochoso variam de 0,4-1,0. As áreas subjacentes ao granito porfirítico e ao gnaisse porfiroblástico apresentam coeficientes de reflexão mais baixos, (0,82), maior frequência de lineamentos, maior resistividade do regolito (av. 119-167 Ωm) e regolito bastante espesso (av. 9,2-13,76m). A abundância relativa dos catiões e aniões nas águas subterrâneas é Na>K>Ca>Mg e HCO3>Cl>SO4, respetivamente. Os tipos de água predominantes incluem CaNaHCO3Cl e NaHCO3(Cl). Concluiu-se que o elevado potencial e a elevada produção de água subterrânea estão associados a áreas cobertas por granito porfirítico e gnaisse porfiroblástico, sendo o CaNaHCO3Cl e o NaHCO3(Cl) o tipo de água dominante nas áreas cobertas por gnaisse e granito, respetivamente.

Onwuka et al., (2013), efectuaram a avaliação das características hidroquímicas e da qualidade dos aquíferos regolíticos na metrópole de Enugu, no sudeste da Nigéria.

Foram recolhidas vinte amostras de águas subterrâneas da metrópole de Enugu durante dois períodos sazonais, a fim de caraterizar as águas subterrâneas e determinar a sua qualidade para fins domésticos e de irrigação. Os resultados mostram que as águas subterrâneas da zona são de natureza fortemente ácida a ligeiramente alcalina e variam entre o tipo de água "macia" e "moderadamente dura". A principal tendência iónica está na ordem Cl- > Na+ > HCO3- > K+ > Mg2+ > Ca2+ > SO42- e Mg2+ > Cl- > Na+ > K+ > Ca2+ > HCO 3- > SO42- em abundância para as estações seca e chuvosa, respetivamente. Os resultados também revelam que há um aumento na tendência das concentrações iónicas durante a estação seca, que resulta da meteorização das rochas hospedeiras e das actividades antropogénicas. Foram identificadas duas fácies hidroquímicas, nomeadamente, Na+ -K+ -Cl- -SO42- e Ca2+ -Mg2+ -Cl- -SO42-, sendo Na+ -K+ -Cl- -SO42- a fácies dominante nas duas estações. A qualidade das águas subterrâneas varia de "água muito má" a "água boa" e de "água imprópria para consumo" a "água boa" para as investigações da estação seca e da estação das chuvas, respetivamente. A água subterrânea é adequada para fins de irrigação nas duas estações.

Adeoti et al., (2012) aplicaram o método da resistividade eléctrica para determinar o potencial das águas subterrâneas e para delinear as camadas subsuperficiais em Mowe, Estado de Ogun, Nigéria. O estudo foi realizado utilizando o tetrâmetro ABEM SAS 1000 e um total de dezasseis pontos VES foram trabalhados na área. Foi adoptada uma distância máxima de 550 m do elétrodo de corrente para o estudo. Os resultados permitiram obter quatro camadas, constituídas por solo superficial, laterite, argila arenosa e areia.

Ariyo e Adeyemi (2012) utilizaram o método da resistividade para a caraterização geoeléctrica de aquíferos no complexo do subsolo/zona de transição sedimentar, no sudoeste da Nigéria. Neste estudo, foi adoptada a configuração de eléctrodos Schlumberger para a aquisição de dados de sondagem eléctrica vertical no campo. Foram ocupados quarenta (40) pontos VES. A conclusão deste trabalho mostrou que a água subterrânea ocorre a uma profundidade mais rasa na área do complexo basal do que na área sedimentar.

K'Orowe et al., (2011) utilizam parâmetros hidrogeofísicos para determinar uma relação teórica entre os dados geoeléctricos e os parâmetros hidráulicos, modificando as teorias previamente desenvolvidas em laboratório e aumentando os processos das estruturas da rede de poros para parâmetros à escala do terreno. Foi desenvolvida uma relação linear entre a transmissividade e o fator de formação e, consequentemente, testada em dados de um terreno tipicamente de rocha dura encontrado na sub-bacia hidrográfica de Jangaon, Andhra pradesh, Índia.

Chukwudi (2011) realizou trezentas e vinte e duas sondagens eléctricas verticais (VES) para avaliar as propriedades hidráulicas dos aquíferos no Estado de Enugu, no sudeste da Nigéria. O domínio do projeto situa-se entre as longitudes 7° 6' E e 7° 54'E e as latitudes 5° 56'N e 6°52'N, e cobre uma área de cerca de 7161 km^2 em oito formações geológicas principais. A espessura, a extensão lateral e a resistividade das camadas aquíferas foram determinadas pelo levantamento elétrico. Além disso, as zonas de potencial de alto rendimento foram inferidas a partir das informações de resistividade. Os valores de transmissividade foram inferidos utilizando a relação empírica entre a condutividade hidráulica e o fator de formação. Os resultados mostram uma espessura altamente variável do aquífero principal na área de estudo. A condutância longitudinal agregada indica uma maior profundidade do substrato na parte central da área, subjacente às Formações Ajali e Nsukka. Também predominam valores elevados de transmissividade, rendimento específico e porosidade moderada, sugerindo assim uma zona aquífera espessa e prolífica. Os valores médios mais baixos destes parâmetros foram obtidos nas partes sudoeste e leste, sob as Formações Imo e Ezeaku/ AwguNdeaboh/ Nkporo, com a parte leste a registar os valores mais baixos, exceto a porosidade com o valor médio estimado mais elevado. Foram produzidos mapas de vários parâmetros geoeléctricos e hidráulicos e os resultados globais podem servir como um guia útil no planeamento de um programa de perfuração na área de estudo.

Oyedele et al, (2011) utilizou a aplicação da técnica de resistividade eléctrica na avaliação do potencial das águas subterrâneas e da capacidade de proteção do aquífero em Oru-Imope, estado de Ogun, Nigéria, utilizando um conjunto de eléctrodos Schlumberger, que revelou a ocorrência de uma quantidade substancial de água na rocha intemperizada (constituída por areia). A resistividade das camadas meteorológicas varia entre 88,6 e 251,1Ωm. O teor de argila da camada de cobertura é baixo, o que explica a elevada classificação do potencial de água subterrânea da área. Observou-se que mais de 85% da área de estudo apresenta um potencial elevado de água subterrânea, enquanto os restantes 15% apresentam um potencial médio de água subterrânea. Por outro lado, a condutância longitudinal total na área de estudo varia entre 0.07 e 0.18mhos, indicando uma capacidade de proteção fraca ou fraca devido ao elevado conteúdo de areia na camada de sobrecarga. As profundidades do aquífero potencial variam entre 5 e mais de 20m.

Badmus e Olatinsu (2010) realizaram um levantamento geofísico para caraterizar o aquífero e o padrão de recarga das águas subterrâneas no Federal College of Education, Osiele, Abeokuta, sudoeste da Nigéria, utilizando um conjunto de eléctrodos Schlumberger.   Um total de trinta e quatro pontos de sondagem eléctrica vertical (VES) foram ocupados e os resultados revelaram um máximo de cinco camadas geoeléctricas, a saber: solo superficial, argila arenosa, areia argilosa, xisto/argila, arenito, subsolo fracturado e subsolo fresco. Foram delineadas três unidades aquíferas prováveis e um aquitard, sendo que a areia argilosa ocorre em 50%, a argila arenosa constitui 24%, o subsolo fracturado 24% e o xisto/argila 2%. Os VES 10, 26 e 30 com camadas de xisto/argila com espessuras de 14,7, 23,5 e 9,9 m, respetivamente, revelaram um rendimento muito baixo (não produtivo). Concluiu-se que a perfuração de furos na área de estudo deve ser executada no pico da estação seca, durante a qual se espera que o nível das águas subterrâneas seja baixo, porque a recarga dos furos existentes na área de estudo deve-se em grande parte à queda da precipitação. Os furos existentes localizados na área de estudo são caracterizados por aquíferos não confinados, enquanto alguns estão confinados sob pressão entre materiais relativamente impermeáveis. Assim, os problemas de recarga e secagem dos furos podem ser resolvidos.

Ioannis et al., (2003) utilizaram a espessura da camada, derivada da interpretação de dados de sondagens de resistividade e da condutividade hidráulica calculada com base em dados hidrogeológicos e geofísicos para estimar a transmissividade do aquífero. Esta técnica foi utilizada para a determinação dos parâmetros do aquífero no vale do rio Mornos, na Grécia central. Os mapas do relevo do subsolo, a resistividade, a transmissividade e a resistência transversal forneceram os meios para identificar as áreas onde a zona aquífera é prolífica. A boa concordância entre as condutividades hidráulicas do aquífero obtidas a partir da interpretação das sondagens de resistividade e as deduzidas a partir da análise de testes de bombagem realça o potencial da metodologia.

Emenike (2001) efectuou uma exploração geofísica de águas subterrâneas num ambiente sedimentar: Um estudo de caso de Nanka sobre a Formação Nanka na Bacia de Anambra, Sudeste da Nigéria. No seu trabalho, a interpretação de cinco curvas resistivas sobre a cidade de Nanka dentro do terreno geológico frequentemente referido como formação Nanka na Bacia de Anambra indica que a área tem um elevado nível de potencial de água subterrânea. Uma correlação das curvas com o registo litológico de um furo de sondagem próximo sugere que as principais unidades litológicas penetradas pelas curvas de sondagem são laterite, arenito e argila. A unidade de arenito, que constitui a zona aquífera, tem uma gama de resistividade entre 500 e 960 ohm-m e uma espessura superior a 200 m. O trabalho revela que a profundidade do lençol freático é de 100 m.

Ujuanbi (2000) efectuou a investigação de depósitos de argila na parte norte do estado de Edo utilizando métodos de resistividade eléctrica. A Sondagem Eléctrica Vertical (VES) foi utilizada utilizando a configuração de matriz de eléctrodos da Schlumberger e foi adotado o método de interpretação de análise automática da Schlumberger. Os dados da VES foram obtidos em dois locais no estado de Edo, na Nigéria. A interpretação dos dados mostrou que a profundidade total da camada aquífera é de 241,48 m (796,90 pés) e 229,13 m (756,13 pés), respetivamente. Estes valores estão correlacionados com o valor de 206,1 m (680,00 pés) obtido da secção geológica de um furo de sondagem próximo. A elevada correlação entre os resultados do VES e os valores do furo de sondagem mostrou que o método é adequado para a exploração de águas subterrâneas.

Asokhia et al., (2000) utilizaram uma técnica simples de iteração por computador para a interpretação de sondagens eléctricas verticais. Foi feita uma descoberta preliminar dos potenciais de recursos de água subterrânea a partir de um levantamento geoeléctrico regional da área do subsolo de Obudu na Nigéria.

2.1 Geologia da área de estudo

A área de estudo insere-se na Bacia do Daomé, que é uma das bacias sedimentares da Nigéria (Fig. 2.1). Situa-se na margem continental do Golfo da Guiné. Estende-se desde o sudeste do Gana, passando pelo Togo e pela República do Benim, até aos flancos ocidentais do Delta do Níger, a leste. (Jones e Hockey, 1964; Ogbe 1972; Omatsola e Adegoke, 1981). A Bacia é limitada a Oeste por falhas e outras estruturas tectónicas associadas à extensão terrestre da zona de fracturação de Romanche (Omatsola e Adegoke, 1981).

O seu limite oriental é igualmente marcado pela linha de charneira de Benin. É uma estrutura de falha importante que marca o limite ocidental da Bacia do Delta do Níger (Omatsola e Adegoke, 1981). Os sedimentos terciários da Bacia do Daomé são finos e estão particularmente isolados dos sedimentos da Bacia do Delta do Níger contra a crista Okitipupa do Complexo do subsolo (Omatsola e Adegoke 1981).

As formações sedimentares da Bacia do Daomé afloram numa faixa atuante, aproximadamente paralela à antiga linha costeira com sedimentos nas bacias que excedem uma espessura de 2,2 km na costa da Nigéria Ocidental (Whiteman, 1982). Os sedimentos mais antigos datados em terra, consistem em grits e arenitos do Cretácico inferior com finas camadas de lamas (Omatsola e Adegoke, 1981). A estratigrafia e o aspeto paleontológico das sequências sedimentares do sul da Nigéria foram estudados por vários trabalhadores (Russ, 1924 e Adegoke 1969). A bacia tem um elevado valor económico, uma vez que é muito dotada de minerais de grandes quantidades comerciais, como betume, areia de alcatrão e rochas e minerais industriais, como calcário e depósitos de argila. (Omatsola e Adegoke 1981).

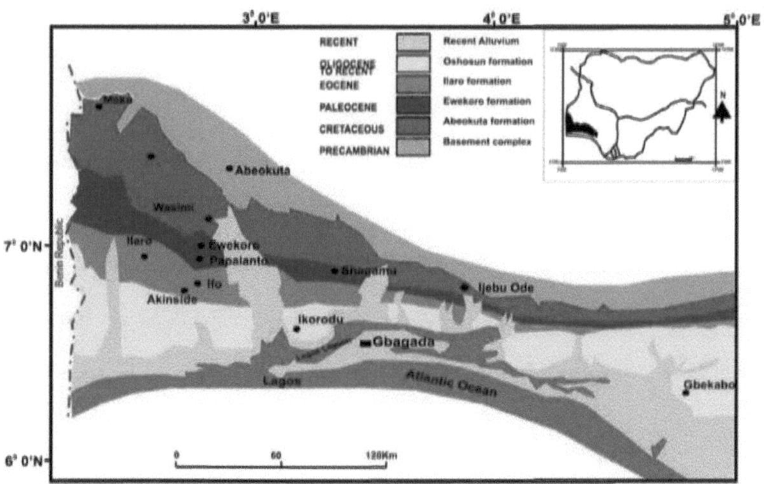

Figura 2.1: Mapa Geológico da Bacia do Daomé Oriental (Modificado de Billman, 1980).

2.1.1 Estratigrafia da Bacia do Daomé

Os sedimentos terciários da bacia do Daomé são mais finos e estão particularmente separados dos sedimentos da bacia do Delta do Níger pela crista Okitipupa do complexo basal (Omatsola e Adegoke, 1981). A bacia é limitada a oeste por falhas e outras estruturas tectónicas associadas à extensão para terra da zona de fratura de Romanche (Adegoke et al., 1981). O seu limite oriental é igualmente marcado pela linha de charneira do Benim. Trata-se de uma estrutura de falha importante que marca o limite ocidental da bacia do Delta do Níger (Omatsola e Adegoke, 1981).

Os sedimentos mais antigos datados em terra consistem em grits e arenitos do cretáceo inferior com finas camadas de lama (Omatsola e Adegoke, 1981). A estratigrafia mais recente e pormenorizada é a de Omatsola e Adegoke, (1981). Eles propuseram três novas unidades litoestratigráficas de formação facilmente reconhecíveis, que são: a

Formação Ise, a Formação Afowo e a Formação Araromi. Estas unidades constituem o Grupo Abeokuta. Outras são a Formação Ewekoro, a Formação Oshosun e a Formação Ilaro. O resumo da inter-relação litoestratigráfica das unidades da bacia do Daomé é apresentado a seguir.

A Formação de Ise

Omatsola e Adegoke (1981) referiram-se a ela como a unidade sedimentar mais antiga encontrada no sudoeste da Nigéria. Trata-se de uma sequência pré-deriva de areia continental, grits e arenito sobreposto ao complexo basal com um conglomerado basal (Adegoke, 1981).

A Formação Afowo

Esta Formação é considerada como uma unidade portadora de alcatrão na área de Agbabu e sobrepõe-se inconformavelmente à Formação Ise. A Formação é equivalente à unidade de afloramento referida na literatura sobre a Formação Abeokuta por Billman, (1976). Os leitos são compostos maioritariamente por arenito de grão grosso a médio, com xistos, arenitos e argilas variáveis, mas espessos.

A Formação Araromi

Esta Formação foi formalmente referida como "xistos Araromi" por Reyment (1965). É a unidade estratigráfica mais jovem do Grupo Abeokuta e sobrepõe-se à Formação Afowo. A unidade é composta por areia de grão fino a médio na base, que é sobreposta por xisto e siltito com calcário fino intercalado. Os xistos são de cor cinzenta clara a preta, altamente fissurados e bem laminados e são ricos em carbono orgânico.

A Formação Ewekoro

A unidade sobrepõe-se à Formação Araromi (Jones e Hockey, 1964; Kogbe, 1976). A unidade de calcário exposta na pedreira de Ewekoro é uma secção da Formação Ewekoro (Adegoke, 1977).

A Formação Akinbo

A unidade é a equivalência lateral da Formação Imo no sudeste da Nigéria (Adegoke, 1969) e é subjacente à Formação Oshosun (Adegoke, 1977). A secção-tipo encontra-se nas pedreiras de Ewekoro e Shagamu, onde se sobrepõe ao calcário de Ewekoro. É-lhe atribuído o estatuto de formação e demonstrado que os xistos de ambos os lados da crista de Okitipupa diferem uns dos outros em termos de características físicas. É composto por xistos, banda de rocha glauconítica, areia arenosa a areia cinzenta pura e pouca argila, os xistos são verdes a cinzentos esverdeados com bandas finas e lentes de calcário da Formação Ewekoro que se transformam lateralmente em xisto Akinbo perto da base. O topo é marcado por cinzento puro, arenoso e sem manchas vermelhas com pouca argila e a sua base é marcada pela presença de uma faixa de rocha glauconítica, que ocorre acima da Formação Ewekoro.

A Formação Oshosun

A formação é composta por fosfato laminado cinzento-esverdeado pálido e xisto glauconítico. Russ (1924) foi o primeiro a utilizar o nome Oshosun na literatura geológica em ligação com a descrição de depósitos de fosfato que se desenvolvem melhor perto da aldeia de Oshosun.

A Formação Ilaro

A formação foi baptizada por Jones (1964). O contacto entre a Formação Ilaro e a Formação Oshosun é marcado na base do primeiro grande leito arenoso acima da Formação Oshosun (Kogbe, 1976; Adegoke, 1977).

2.1.2. História Tectónica da Bacia do Daomé

As bacias costeiras da África Ocidental foram iniciadas durante o Mesozoico (Jurássico-Cretáceo) em resposta à separação das massas terrestres da África e da América do Sul e à subsequente abertura do Oceano Atlântico. As provas estratigráficas disponíveis sugerem que a deposição foi iniciada na depressão controlada por falhas no complexo do subsolo cristalino (Omatsola e Adegoke, 1981). Trabalhos anteriores no Daomé revelaram que a subsidência do subsolo gerada por uma fenda, durante o Cretáceo inferior (Neocomiano), resultou na deposição de uma sequência sedimentar muito espessa de grits continentais e areias de seixos em toda a bacia (Omatsola e Adegoke, 1981).

Omatsola e Adegoke, (1981), indicaram que houve um outro período de grandes actividades tectónicas que estava associado ao encerramento e à dobragem da calha de Benue, observado durante o final do período Cretáceo (Santoniano). Rochas como os granitos, gnaisses e pegmatitos associados, bem como os sedimentos da bacia do Daomé, foram inclinados e os blocos falhados. A elevação e a falha de blocos foram acompanhadas por actividades erosivas.

2.2 TEORIA BÁSICA DO MÉTODO DA RESISTIVIDADE ELÉCTRICA

Os métodos de Resistividade Eléctrica têm sido bem sucedidos em investigações geológicas de engenharia e ambientais, uma vez que podem ser fornecidas informações importantes sobre a estrutura geológica, litologias e recursos hídricos subterrâneos sem o custo elevado de um programa extensivo de perfuração.

Nos métodos de resistividade, as correntes eléctricas são introduzidas artificialmente no solo e as diferenças de potencial resultantes são medidas à superfície. Os desvios do padrão das diferenças de potencial esperadas num solo homogéneo fornecem informações sobre a forma e as propriedades eléctricas das inomogeneidades do subsolo (Keary et al., 2002). Existem dois modos principais de utilização nos métodos de resistividade eléctrica: a sondagem eléctrica vertical (VES), que é utilizada principalmente no estudo de interfaces horizontais ou quase horizontais, e a sondagem de separação constante (CST), que é utilizada para determinar as variações laterais da resistividade. A resistividade de um material é definida como a resistência em ohms entre as faces opostas de um cubo unitário do material.

Para um cilindro condutor de resistência δR, comprimento δL e área da secção transversal δA, como ilustrado na Figura 2.2, a resistividade ρ é dada por

$$\rho = \frac{\delta R \delta A}{\delta L}$$

2.1

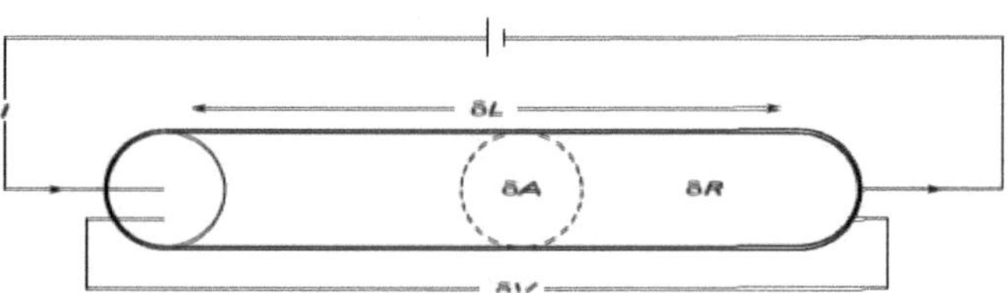

Figura 2.2: Parâmetros utilizados na definição de Resistividade (Kearey et al., 2002).

A unidade SI da resistividade é o ohm-metro (Ωm) e a recíproca da resistividade é denominada condutividade (unidades: Siemens (S) por metro; $1Sm^{-1} = 1\ \Omega m^{-1}$.

Considere-se o elemento de material homogéneo representado na Figura 2.3. Uma corrente I passa através do cilindro causando uma queda de potencial -δV entre as extremidades do elemento. δV/δL representa o gradiente de potencial através do elemento em voltm-^{1} e i a densidade de corrente em Am^{-2}

$$\frac{\delta V}{\delta L} = -\frac{\rho L}{\delta A} = -\rho i$$

2.2

Em geral, a densidade de corrente em qualquer direção dentro de um material é dada pela derivada parcial negativa do potencial nessa direção dividida pela resistividade δV/δL representa o gradiente de potencial através do elemento em voltm^{-1} e i a densidade de corrente em Am^{-2}.

Considere agora um elétrodo de corrente simples na superfície de um meio de resistividade uniforme ρ, como mostra a Figura 2.4. O circuito é completado por um dissipador de corrente a uma grande distância do elétrodo. A corrente flui radialmente para longe do elétrodo, de modo a que a distribuição da corrente seja uniforme em cascas hemisféricas centradas na fonte. A uma distância do elétrodo, a casca tem uma área de superfície de $2\pi r^2$, pelo que a densidade da corrente é dada por

$$i = \frac{I}{2\pi r^2}$$

2.3

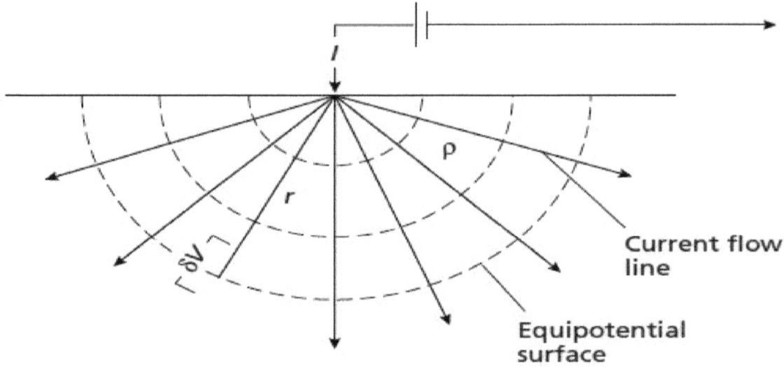

Figura 2.3: Fluxo de corrente de um único elétrodo de superfície (Kearey et al., 2002).

A partir da equação 2.2, o gradiente de potencial associado a esta densidade de corrente na equação 2.3 pode ser escrito como equação 2.4

$$\frac{\delta V}{\delta r} = -\rho i =$$

$$-\frac{\rho L}{2\pi r^2} \qquad 2.4$$

O potencial V_r à distância r é então obtido por integração da equação 2.4

$$Vr - \int \delta V = -\int -\frac{\rho I \delta r}{2\pi r^2} =$$

$$\frac{\rho L}{2\pi r} \qquad 2.5$$

A constante de integração é zero, uma vez que $V_r = 0$ quando r=Φ. A Equação 2.5 permite o cálculo do potencial em qualquer ponto sobre ou abaixo da superfície de um semi-espaço homogéneo. As conchas hemisféricas da Figura 2.3 marcam superfícies de tensão constante e são denominadas superfícies equipotenciais. Os factores geométricos não são afectados pela troca de eléctrodos de corrente e de tensão, mas o espaçamento entre eléctrodos de tensão é normalmente mantido pequeno para minimizar os efeitos dos potenciais naturais (John, 2003): Para um par de eléctrodos com corrente C_1^+ no elétrodo A e C_2^- no elétrodo B, como se mostra na Figura 2.5.A soma potencial das contribuições individuais dos dois eléctrodos potenciais como se ilustra abaixo: A equação 2.5 leva à geração da equação 2.6

$$V_M = \frac{\rho I}{2\pi r}\left(\frac{1}{AM} - \frac{1}{MB}\right) \qquad 2.6$$

Em que A e B = distâncias do ponto médio aos eléctrodos A e B.

Da mesma forma, a equação 2.7 também foi gerada e P_2 em N responde a C_1^+ e C_2^-, portanto

$$V_N = \frac{\rho I}{2\pi r}\left(\frac{1}{AN} - \frac{1}{NB}\right)$$

2.7

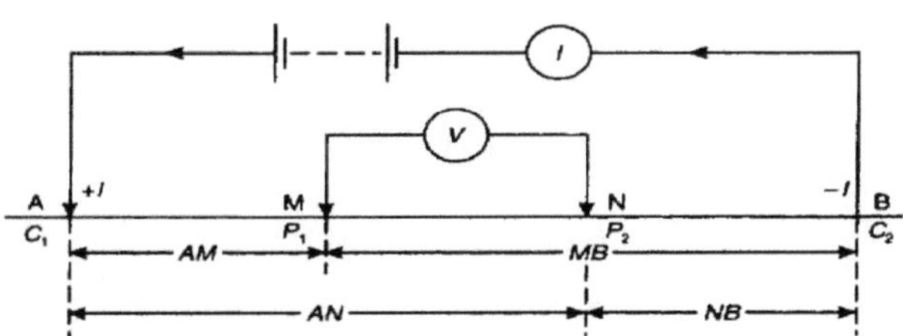

Figura 2.4: Disposição geral de quatro eléctrodos (segundo Reynolds et al., 1997)

Os potenciais absolutos são difíceis de monitorizar, pelo que a diferença de potencial ΔV entre os eléctrodos C e D é medida como indicado na equação (2.8).

$$\delta V_{MN} = V_M - V_N \qquad 2.8$$

A combinação das equações 2.6, 2.7 e 2.8 dará origem à equação 2.9

25

$$\delta V_{MN} = \frac{\rho I}{2\pi r} \left[\left(\frac{1}{AM} - \frac{1}{NB} \right) - \left(\frac{1}{MB} - \frac{1}{AN} \right) \right]^{-1} \qquad 2.9$$

Assim, a equação 2.9 pode ser reescrita em termos de resistividade ρ é dada por

$$\rho = 2\pi \delta V_{MN} \left[\left(\frac{1}{AM} - \frac{1}{NB} \right) - \left(\frac{1}{MB} - \frac{1}{AN} \right) \right]^{-1}$$

2.10

Em que V_{MN} são os potenciais em M e N

   AM =distância entre os eléctrodos A e M.

   BM =distância entre os eléctrodos B e M

   BN =distância entre os eléctrodos B e N

   AN =distância entre os eléctrodos A e N

Resolvendo a equação acima para ρ, podemos determinar a resistividade da região subsuperficial. A equação acima foi derivada assumindo um meio-espaço homogéneo e isotrópico. A resistividade do meio pode ser encontrada a partir dos valores medidos de V, I e k, sendo o fator geométrico k uma função apenas da geometria da disposição dos eléctrodos (Reynolds, 1997).

A Figura 2.5 abaixo mostra uma lista de matrizes comuns juntamente com o seu fator geométrico (k).

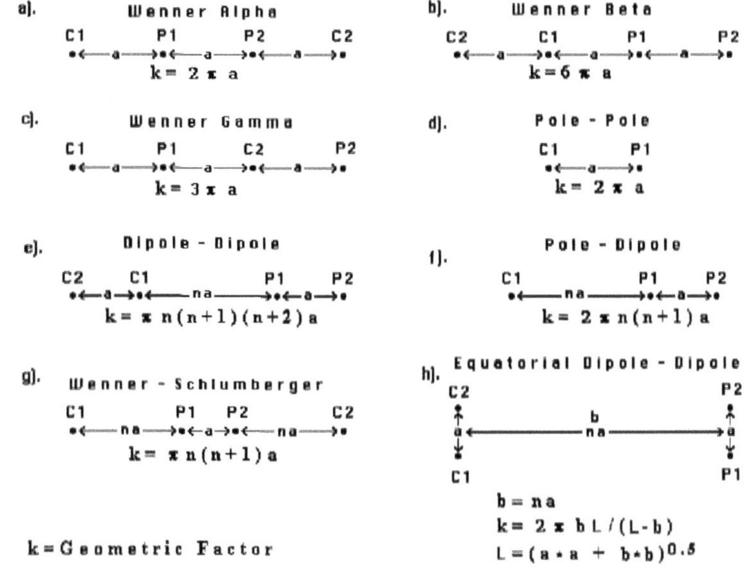

Figura 2.5: Matrizes comuns utilizadas em estudos de resistividade e respectivos factores geométricos (Adaptado de Loke, 1999)

Vários factores afectam a resistividade eléctrica dos materiais terrestres, tais como

- **Porosidade:**

A resistividade de um material poroso saturado pode ser relacionada com a resistividade da água dos poros utilizando o Fator de Formação F, na Lei empírica de Archies (Archies, 1942).

- **O Fator de Formação:**

Isto é apenas uma função das propriedades do meio poroso, principalmente a porosidade e a geometria dos poros.

$$F = \frac{\rho_r}{\rho_w} = \frac{a}{\emptyset^m} \text{ for clean sand} \qquad\qquad 2.11$$

$\rho_{r=a\emptyset^{-m}} S_w^{-n} \rho_w$ (for fully saturated clean sand)

2.12

F = Fator de formação

$\emptyset$ = porosidade

Sw = grau de saturação do fluido

a, m, n são constantes

a = constante (entre 0,6 e 1,0)

m = fator de cimentação (entre 1,4 e 2,2)

n = coeficiente de saturação

ρ_w = resistividade do fluido de saturação

ρ_r = resistividade da rocha saturada de água

A resistividade de uma rocha está inversamente relacionada com a porosidade (da equação 2 acima). Quanto maior for a porosidade de uma rocha, menor será a resistividade da mesma. Podemos relacionar a porosidade com a tortuosidade. A porosidade ($\emptyset$) é definida por,

$$\text{Porosidade}(\emptyset) = \frac{V_w}{V_r} \qquad\qquad 2.13$$

Onde,

V_w é o volume dos espaços porosos

V_r é o volume de toda a rocha

$$\text{Mas,} V_w = L_w A_w \qquad\qquad 2.14$$

Onde,

L_w é o comprimento da parte do poro

A_w é a área da secção transversal

Combinando as equações (2.13) e (2.14), substituindo por V_w na equação (2.12)

$$L_w A_w = \emptyset\, V_r \qquad\qquad 2.15$$

Mas a resistência R de um espécime de rocha da lei de Ohm é dada por,

$$R = \frac{\rho_r L_r}{A_r} \text{ou} \frac{\rho_w L_w}{A_w} \qquad\qquad 2.16$$

Combinando as equações (2.15) e (2.16), temos

$$R = \frac{\rho_w L_w . L_w}{\emptyset V_r} \qquad\qquad 2.17$$

$$L_{w^2} = \frac{R_\emptyset V_r}{\rho_w}$$

$$L_w = \sqrt{\frac{R_\emptyset V_r}{\rho_w}} \qquad\qquad 2.18$$

Mas um coeficiente de tortuosidade (t) é definido como,

$$t = \frac{L_w}{L_r}.$$

$$t L_r = \sqrt{\frac{R\emptyset V_r}{\rho_w}} \qquad\qquad 2.19$$

Finalmente, a tortuosidade (t) é dada por,

$$t = \sqrt{\frac{R\emptyset V_r}{\rho_w}} / L_r \qquad\qquad 2.20$$

A tortuosidade (t) está diretamente relacionada com a resistividade. Ou seja, a tortuosidade (t) aumenta à medida que a resistividade aumenta.

- **Temperatura**

A temperatura afecta a viscosidade do fluido e, consequentemente, a mobilidade dos iões. Quanto mais elevada for a temperatura, mais baixa é a viscosidade, mais móveis se tornam os iões, mais elevada é a condutividade e, consequentemente, mais baixa é a resistividade. De acordo com (Keller e Frischknecht, 1966), a resistividade da rocha à temperatura t é dada pela equação;

$$\rho_t = \frac{\rho_{18}}{1+\alpha(t-18)}$$ 2.21

Onde,

ρ_t é a resistividade da rocha à temperatura t

ρ_{18} é a resistividade da rocha a 18°c

α é o coeficiente de temperatura da resistividade

t é a temperatura

- **Textura de rocha**

A textura das rochas pode ser utilizada como um índice da resistividade da rocha, particularmente em amostras de mão. Um arenito bem ordenado com grandes espaços vazios apresentará uma resistividade mais baixa, enquanto um arenito mal ordenado com espaços vazios mais baixos terá uma resistividade mais elevada. Além disso, a dissolução de intempéries ao longo de fracturas em rochas calcárias ou rochas do complexo basal criará espaços vazios e aumentará a porosidade efectiva, diminuindo assim a resistividade. Além disso, as rochas cristalinas com uma porosidade relativamente baixa apresentam uma resistividade elevada. Por exemplo, a resistividade da argila seca é infinita, mas a da argila húmida é muito baixa ou nula.

- **Tipo de rocha**

A resistividade das rochas varia de um tipo de rocha para outro devido a variações no tipo de textura, bem como a variações nos processos geológicos que deram origem à rocha.

- **Processos geológicos que influenciam a resistividade das rochas**

A resistividade das rochas é influenciada por vários processos geológicos. Os processos geológicos conduzem geralmente à redução da resistividade das rochas. Estes processos incluem a argila, a alteração, a meteorização, o metamorfismo, a falha ou fracturação, a incursão de água salgada, o cisalhamento, a junção, as indurações, a precipitação de carbonatos, a silificação, a dissolução e a inclusão de fluidos do magma fundido.

- **Resistividade da matriz**

Se a matriz rochosa for resistiva, a resistividade da própria rocha aumenta, como mostra a equação (2.21) abaixo,

$$\frac{1}{\rho_r} = \frac{1}{\rho_m} + \frac{1}{F\rho_w} \quad \text{(Patnode e Wyllie, 1950) 2.} \qquad 22$$

$$\sigma_r = \sigma_m + \frac{\sigma_w}{F} \qquad\qquad 2.23$$

Onde,

ρ_r é a resistividade da rocha (a granel)

ρ_m é a resistividade da matriz

ρ_w é a resistividade do fluido saturado

F é o fator de formação

As equações acima são aplicáveis a areias xistosas ou arenitos.

Volume e concentração do eletrólito

Da equação dos Archies abaixo,

$$\rho_r = \alpha\emptyset^{-m}S_w{}^{-n}\rho_w \qquad 2.24$$

S_w é o grau de saturação do fluido

ρ_w é a resistividade do fluido

À medida que a concentração de iões no eletrólito aumenta, ρ_w diminui, fazendo com que a condutividade aumente no meio.

- **Permeabilidade**

A permeabilidade (k) tem uma relação direta com a porosidade e uma relação logarítmica, como mostra a equação abaixo,

$$\emptyset = aK^b \text{ (Olorunfemi, 1981)} \qquad 2.25$$

$$Log\ \emptyset = \log a + b\log k \qquad 2.26$$

Estas relações são válidas para areia limpa e areia xistosa saturada com água salina. Para areia xistosa ou suja com baixa concentração de eletrólito, a resistividade aumenta com a permeabilidade, enquanto que para uma areia limpa a resistividade diminui com o aumento da permeabilidade.

2.3 Vantagens e áreas de aplicação do método da resistividade eléctrica

Vantagens

- A aquisição é relativamente simples

- O processamento é automatizado

- Pode fornecer imagens de condutividade 2-D ou 3-D de resolução relativamente alta da subsuperfície

Áreas de aplicação do método da resistividade eléctrica

- Mapeamento lateral e vertical de plumas de contaminantes

- Cartografia de aquíferos de areia e cascalho

- Cartografia das camadas e lentes de argila

- Profundidade do leito rochoso

- Profundidade do lençol freático

- Cartografia de falhas, fracturas e zonas meteorológicas

- Delineação de depósitos de agregados para operações de extração

- Cartografia dos contactos litológicos

- Localizar vazios, minas e túneis abandonados

CAPÍTULO TRÊS

MATERIAIS E MÉTODO

3.   0MATERIAIS

O material de campo e o equipamento utilizado para a aquisição de dados geofísicos são indicados a seguir:

    i.   PASI 16GL Terrameter

    ii.   Quatro (4) martelos de aço

    iii.   Cinco (5) eléctrodos de aço

    iv.   Fita métrica

    v.   Quatro (4) bobinas de cabos, (dois (2) cabos de corrente e dois (2) cabos potenciais)

    vi.   GPS

O Terrametro PASI 16GL é utilizado para a aquisição de dados, como se mostra na Fig. 3.1. Trata-se de um medidor de resistividade digital compacto que contém as funções de transmissor e recetor numa única unidade. O instrumento pode transmitir até 2900 mA ou menos 200 V, o que é suficiente para o levantamento normal da resistividade.

Quatro martelos de aço são utilizados para cravar o elétrodo no solo para um contacto elétrico adequado com o solo.

Para medir a resistência do subsolo, são utilizados quatro eléctrodos de aço (dois de corrente e dois de potencial), que são cravados no solo com a ajuda de um martelo para um bom contacto. Estes eléctrodos estão ligados aos respectivos cabos. As fitas métricas são utilizadas para medir o espaçamento entre o elétrodo de corrente e o elétrodo de potencial antes do início da aquisição de dados.

Os cabos são utilizados para ligar os eléctrodos de corrente e de potencial através do tetrâmetro PASI.

O Sistema de Posicionamento Global (GPS) é um instrumento geológico muito obrigatório em qualquer levantamento geofísico. Foi utilizado para medir a coordenada de cada linha transversal, bem como a posição do VES, ou seja, o X, Y e Z, a longitude, a latitude e a elevação acima do nível do mar, que também é conhecida como a altitude nesse ponto.

Fig. 3.1: Fotografia do medidor de resistividade PASI

3.2 AQUISIÇÃO DE DADOS

Foram utilizadas as duas técnicas do método da resistividade eléctrica que são enumeradas e explicadas a seguir:

- Travessia de Separação Constante (CST): Este método é realizado ao longo de cinco (5) travessias geofísicas, como se mostra (Fig. 3.2), com um comprimento máximo de propagação de 200 m, utilizando um espaçamento entre eléctrodos (a) de 10, 20, 30, 40, 50 e 60 m, respetivamente. A configuração da matriz de Wenner foi utilizada para a aquisição de dados CST. As Figuras 3.3 são as fotografias tiradas durante a aquisição de dados CST ao longo da travessa 4.

- Sondagem eléctrica vertical (VES): Foi obtido um total de vinte e cinco (25) dados VES ao longo dos cinco percursos (cinco VES ao longo de cada percurso). A configuração do conjunto Schlumberger foi utilizada para a aquisição de dados VES com AB (m) mínimo e máximo de 240 e 400 m.

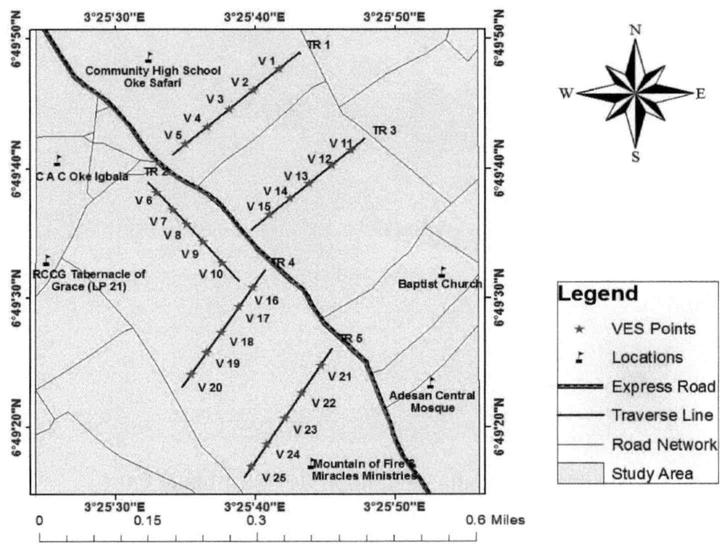

Fig. 3.2: **Mapa de aquisição de dados**

Fig. 3.3: Aquisição de dados CST em curso ao longo da travessa 4

3.   3TRATAMENTO E APRESENTAÇÃO DE DADOS

SEPARAÇÃO CONSTANTE EM (CST)

O processamento dos dados CST envolve a utilização do software RES2DINV. Os resultados dos dados invertidos são apresentados como uma pseudo-secção de resistividade 2-D. A secção indica a resistividade da subsuperfície em profundidade com a barra de escala de resistividade indicada abaixo da secção.

SONDAGEM ELÉCTRICA VERTICAL (VES)

O processamento do VES começa com a aplicação da técnica de correspondência parcial de curvas (interpretação quantitativa) dos dados VES utilizando as várias curvas auxiliares (H, K, A e Q). Para o efeito, os dados da VES são traçados num papel transparente e, em seguida, é efectuada a correspondência de curvas utilizando as duas (2) curvas principais da camada padrão e as quatro (4) curvas do tipo auxiliar (H, K, A e Q). Este procedimento exigiu a correspondência de curvas segmento a segmento, começando pela posição com espaçamento mais curto entre eléctrodos e avançando para as posições com espaçamento mais longo.

Os resultados obtidos a partir da correspondência parcial de curvas foram então utilizados para limitar a interpretação pelo computador, utilizando um software de iteração conhecido como **WINRESIST**. Isto reduz invariavelmente a sobre-estimação das profundidades. O resultado da iteração do computador mostra a análise quantitativa para conhecer a resistividade, a espessura e a profundidade.

CAPÍTULO QUATRO

RESULTADOS E DISCUSSÃO

4.1 RESULTADO S

A interpretação de uma sondagem de resistividade consiste em classificar em tipos as curvas de resistividade aparente observadas, obtidas a partir do software WINRESIST. Esta classificação é efectuada com base nas formas das curvas. As formas da curva VES dependem do número de camadas subsuperficiais e da espessura da camada. Os resultados da curva VES obtidos a partir da correspondência parcial das curvas foram depois utilizados para restringir a interpretação pelo computador utilizando o software de iteração conhecido como WINRESIST. Os erros de raiz quadrada média (RMS) para a análise foram encontrados dentro do intervalo aceitável com um erro RMS variando de 1,5 - 2,5 (Tabela 4.1). Além disso, os resultados dos dados CST foram apresentados como uma pseudo-secção de resistividade 2-D.

4.2 DISCUSSÃO   DOS RESULTADOS

4.2.1   SONDAGEM ELÉCTRICA VERTICAL (VES)

Tipo de curva

Foram identificados quatro tipos principais de curvas, nomeadamente: K, KH, AK e QHK, como mostra a Tabela 4.1. Os VES 1, 2, 7, 8, 9, 10, 12, 16, 17, 22, 23, 24 e 25 são do tipo K, que representam 56 %, os VES 3, 4, 5, 11, 13, 14, 15, 19 e 20 são do tipo KH, que representam 36 %, o VES 6 é do tipo AK (4 %) e o VES 21 é do tipo QHK (4 %), como se mostra na Fig. 4.1. As curvas de resistividade aparente revelam uma curva dominante do tipo K em toda a área.

Tabela 4.1: Resumo da resistividade, espessura e profundidade do VES

VES Não	Camadas	Resistividade da camada (Ω-m)	Espessura (m)	Profundidade (m)	Tipo de curva	Erro RMS	Camada Descrição
`1	1	184	1.0	1.0	K	1.6	Solo superficial
	2	274	7.8	8.8			Areia (Aquífero)
	3	47	--	--			Argila
2	1	133	1.1	1.1	K	1.9	Solo superficial
	2	256	9.2	10.3			Areia (Aquífero)
	3	67	--	--			Argila arenosa
3	1	133	1.1	1.1	KH	2.2	Solo superficial
	2	316	8.5	9.6			Areia (Aquífero)
	3	71	36.9	46.5			Areia argilosa
	4	265	--	--			Areia (Aquífero)
4	1	91	1.1	1.1	KH	2.0	Solo superficial
	2	224	7.5	8.7			Areia
	3	123	45.2	53.8			Areia (Aquífero)
	4	654	--	--			Areia (menos saturada)
5	1	87	1.0	1.0	KH	2.1	Solo superficial
	2	216	7.9	8.9			Areia
	3	131	49.8	58.7			Areia (Aquífero)
	4	659	--	--			Areia (menos saturada)
6	1	59	1.8	1.8	AK	2.5	Solo superficial
	2	221	6.4	8.2			Areia
	3	308	15.4	23.6			Areia (Aquífero)
	4	26	--	--			Argila
7	1	74	1.3	1.3	K	1.9	Solo superficial
	2	264	21.3	22.6			Areia (Aquífero)
	3	82	--	--			Areia argilosa
8	1	85	1.3	1.3	K	2.3	Solo superficial
	2	232	21.0	22.3			Areia (Aquífero)
	3	37	--	--			Argila
9	1	58	2.1	2.1	K	2.5	Solo superficial
	2	304	2.1	2.1			Areia (Aquífero)
	3	59	10.9	13.0			Argila arenosa
10	1	83	1.4	1.4	K	2.0	Solo superficial
	2	257	32.383	33.8			Areia (Aquífero)
	3	26	--	--			Argila

11	1	83	1.6	1.6	**KH**	**2.4**	Solo superficial
	2	149	4.7	6.3			Areia (Aquífero)
	3	9	15.9	22.1			Argila
	4	50	--	--			Argila arenosa
12	1	85	1.3	1.3	**K**	**1.5**	Solo superficial
	2	168	11.7	12.9			Areia (Aquífero)
	3	21	--	--			Argila
13	1	57	1.1	1.1	**KH**	**2.3**	Solo superficial
	2	134	10.9	12.0			Areia (Aquífero)
	3	8	30.4	42.4			Argila
	4	46	--	--			Argila arenosa
14	1	98	1.4	1.4	**KH**	**2.5**	Solo superficial
	2	189	10.8	12.2			Areia (Aquífero)
	3	10	58.3	70.6			Argila
	4	110	--	--			Areia (Aquífero)
15	1	71	1.5	1.5	**KH**	**2.3**	Solo superficial
	2	115	10.0	11.5			Areia (Aquífero)
	3	17	78.0	89.5			Argila
	4	134	--	--			Areia (Aquífero)
16	1	94	1.5	1.5	**K**	**2.5**	Solo superficial
	2	442	14.6	16.1			Areia (menos saturada)
	3	101	--	--			Areia (Aquífero)
17	1	96	1.8	1.8	**K**	**2.5**	Solo superficial
	2	438	17.1	18.9			Areia (menos saturada)
	3	106	--	--			Areia (Aquífero)
18	1	77	1.6	1.6	**K**	**2.3**	Solo superficial
	2	453	26.5	28.0			Areia (Aquífero)
	3	50	--	--			Argila arenosa
19	1	84	1.7	1.7	**KH**	**2.4**	Solo superficial
	2	609	8.7	10.4			Areia (Aquífero)
	3	54	54.3	64.7			Argila arenosa
	4	267	--	--			Areia (Aquífero)
20	1	120	0.8	0.8	**KH**	**2.0**	Solo superficial
	2	323	18.7	19.5			Areia (Aquífero)
	3	169	53.5	73.0			Areia (Aquífero)
	4	778	--	--			Areia (menos saturada)
21	1	81	0.8	0.8	**QHK**	**2.5**	Solo superficial
	2	74	1.6	2.4			Areia argilosa
	3	33	2.7	5.1			Argila
	4	362	20.4	25.4			Areia (Aquífero)
	5	55	--	--			Argila arenosa

22	1	48	0.9	0.9	K	2.5	Solo superficial
	2	94	26.0	26.8			Areia argilosa
	3	46	--	--			Argila
23	1	28	0.9	0.9	K	2.5	Solo superficial
	2	164	40.8	41.7			Areia (Aquífero)
	3	37	--	--			Argila
24	1	29	1.2	1.2	K	2.5	Solo superficial
	2	332	15.3	16.5			Areia (Aquífero)
	3	41	--	--			Argila
25	1	37	1.8	1.8	K	2.4	Solo superficial
	2	200	34.2	36.0			Areia (Aquífero)
	3	48	--	--			Argila

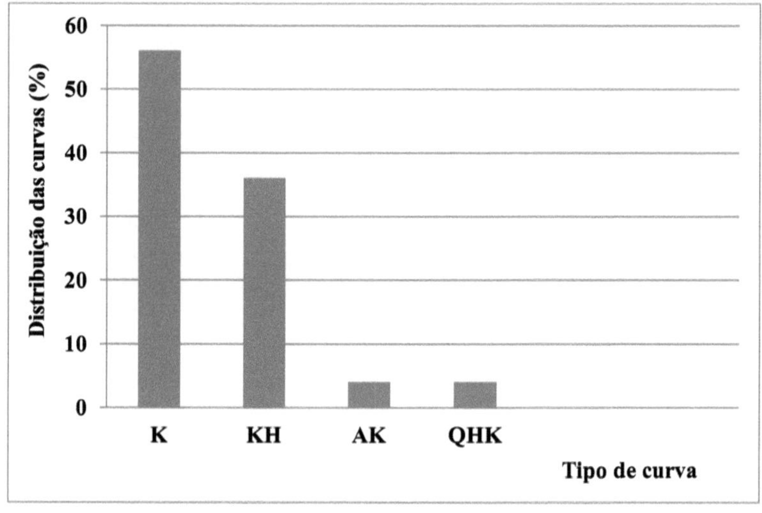

Fig. 4.1: Histograma de distribuição dos vários tipos de curvas na área de

estudo

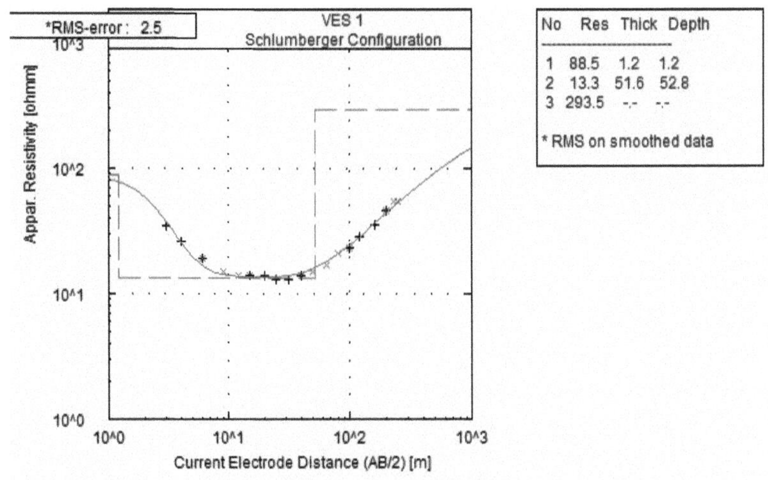

Fig 4.2: Curva tipo K (VES 1)

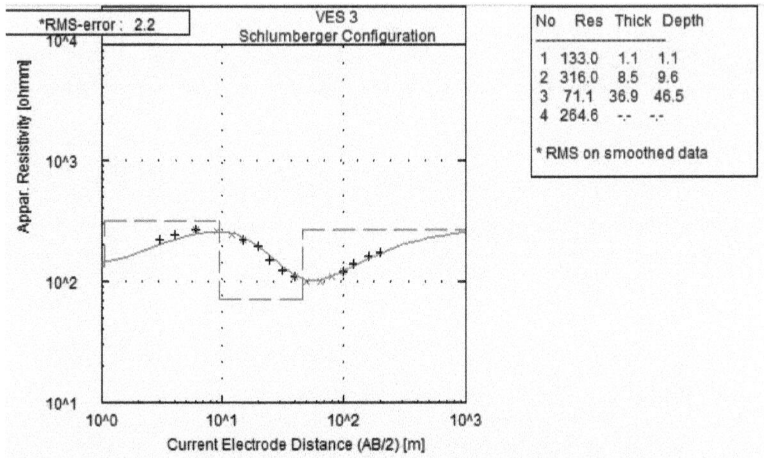

Fig 4.3: Curva de tipo KH (VES 3)

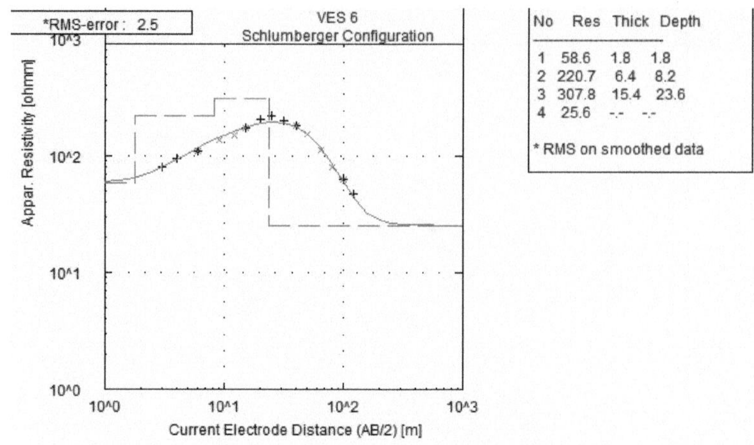

Fig 4.4: Curva de tipo AK (VES 6)

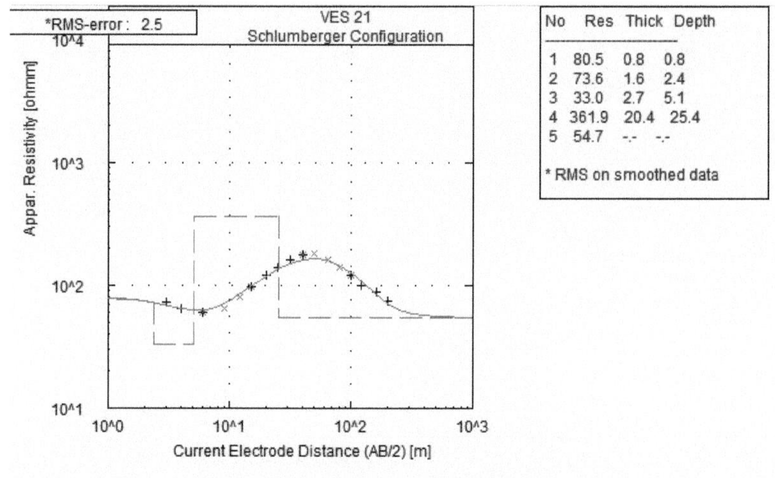

Fig 4.5: Curva de tipo QHK (VES 21)

Secção geoeléctrica ao longo do perfil 1 relativo ao VES 1 - 5

A Figura 4.6 mostra a secção geoeléctrica para este perfil que liga os VES 1, 2, 3, 4 e

5. posicionados a 60 m, 80 m, 90 m, 110 m e 140 m. A secção revela a presença de 3

e 4 camadas geoeléctricas. A resistividade da primeira camada varia de aproximadamente 86 Ωm a 184 Ωm enquanto a espessura varia de 1,0 m a 1,1 m. Esta camada constitui o solo superficial. A segunda camada sugere ser composta de areia (aquífero raso) que tem resistividade variando de 216 Ωm a 316 Ωm, espessura de 7,5 m a 9,2 m e profundidade de 8,7 m a 10,3 m. A terceira camada é composta de argila, argila arenosa e areia argilosa (47 Ωm a 71 Ωm) sob VES 1, 2, 3 e areia (123 Ωm a 131 Ωm) sob VES 4 e 5. A espessura desta camada varia de 36,9 m a 49,8 m e a profundidade de 46,5 m a 53,8 m. A quarta camada constitui areia (aquífero) que tem resistividade de 255 Ω a 659 Ω.

Secção geoeléctrica ao longo do perfil 2 relativo ao VES 6 - 10

A Figura 4.7 mostra a secção geoeléctrica para este perfil 2 que liga os VES 6, 7, 8, 9 e 10 posicionados a 80 m, 90 m, 100 m, 110 m e 120 m. A secção revela a presença de 3 e 4 camadas geoeléctricas. A resistividade da primeira camada varia de aproximadamente 58 Ωm a 85 Ωm enquanto a espessura varia de 1,3 m a 2,1 m. Esta camada constitui o solo superficial. A segunda camada sugere ser composta de areia (aquífero raso) que tem resistividade variando de 221 Ωm a 304 Ωm, espessura de 6,4 m a 32,3 m e profundidade de 8,2 m a 33,8 m. A terceira camada é composta de argila, argila arenosa e areia argilosa (26 Ωm a 82 Ωm) no VES 7, 8, 9, 10, mas constitui areia (308 Ωm) no VES 6 e tem valores de espessura e profundidade de 15,4 m e 23,6 m, respetivamente. A quarta camada é constituída por argila que tem um valor de resistividade de 26 Ω.

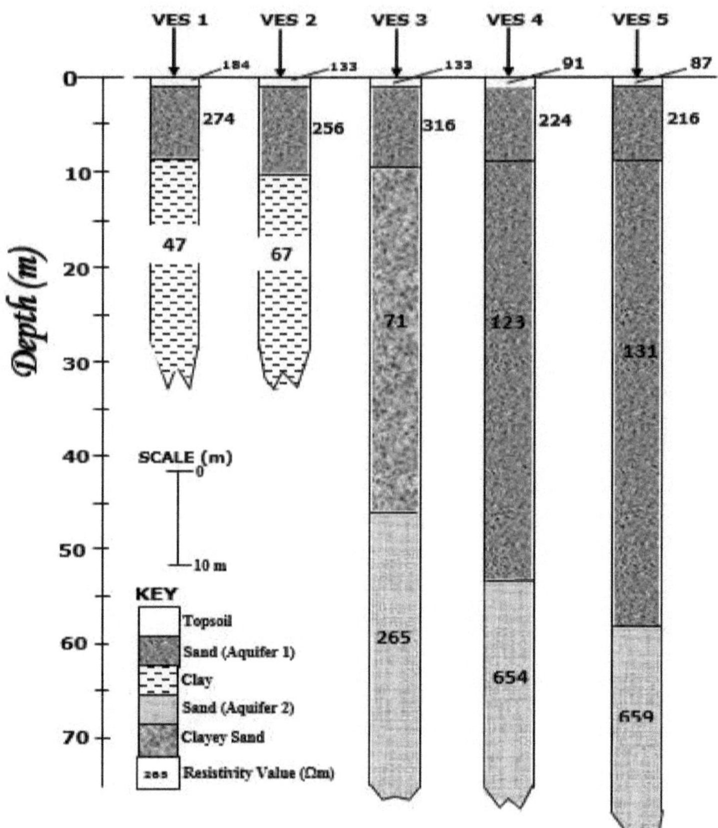

Fig. 4.6: Secção Geo-eléctrica ao longo da Travessa 1

Secção geoeléctrica ao longo do perfil 3 relativo ao VES 11 - 15

A Figura 4.8 mostra a secção geoeléctrica para este perfil 3 que liga os VES 11, 12, 13, 14 e 15 posicionados a 70 m, 90 m, 100 m, 120 m e 140 m. A secção revela a presença de 3 e 4 camadas geoeléctricas. A resistividade da primeira camada (solo superficial) varia de 57 Ωm a 98 Ωm, enquanto a espessura varia de 1,1 m a 1,6 m. A segunda camada é composta de areia (aquífero raso) que tem resistividade variando de 115 Ωm a 189 Ωm, espessura de 4.7 m a 11,7 m e profundidade de 6,3 m a 12,9 m. A terceira camada é composta por argila que tem resistividade variando de 8 Ωm a 17

Ωm e tem valores de espessura e profundidade variando de 15,9 m a 78,0 m e 22,1 m a 89,5 m, respetivamente. A quarta camada é composta por argila e argila arenosa (21 Ωm a 50 Ωm) nas VES 11, 12, 13, mas constituem areia (110 Ω a 134 Ωm) nas VES 14 e 15.

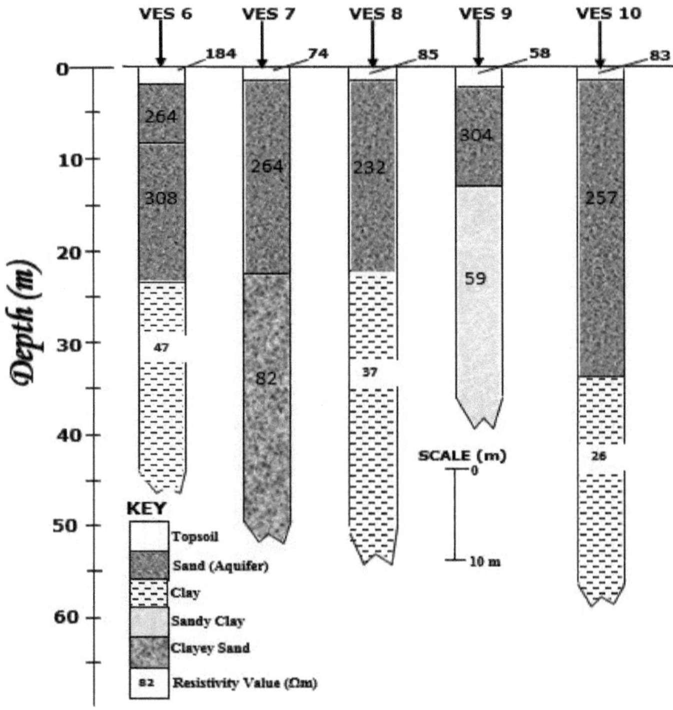

Fig. 4.7: Secção geoeléctrica ao longo da travessa 2

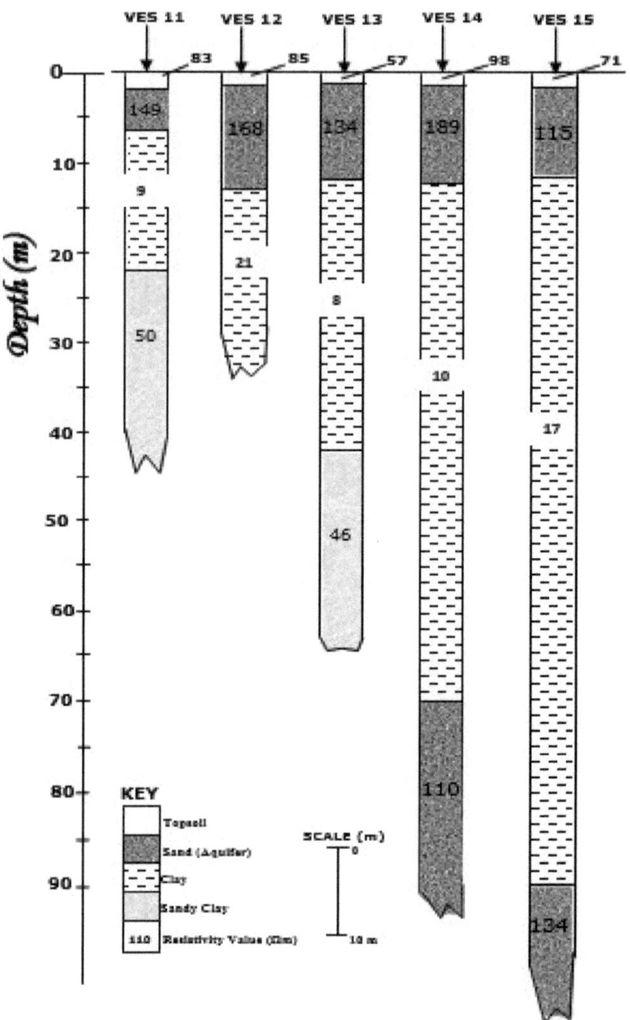

Fig. 4.8 Secção geoeléctrica ao longo da travessa 3

Secção geoeléctrica ao longo do perfil 4 relativo ao VES 16 - 20

A Figura 4.9 mostra a secção geoeléctrica para este perfil 4 que liga os VES 16, 17, 18, 19 e 20 posicionados a 60 m, 80 m, 90 m, 110 m e 130 m. A secção revela a presença de 3 e 4 camadas geoeléctricas. A resistividade da primeira camada (solo superficial) varia de 77 Ωm a 120 Ωm enquanto a espessura varia de 0,8 m a 1,8 m. A segunda camada é composta por areia que tem resistividade variando de 323 Ωm a 609 Ωm, espessura de 8,7 m a 26.5 m e profundidade de 10,4 m a 28,0 m. A terceira camada é composta por argila arenosa e areia que tem resistividade variando de 50 Ωm a 169 Ωm e tem valores de espessura e profundidade variando de 53,5 m a 54,3 m e 64,7 m a 73,0 m, respetivamente. A areia que representa o aquífero é identificada nas VES 16, 17 e 18 e tem resistividade variando de 101 Ωm a 169 Ωm. A quarta camada é composta por areia nas VES 19 e 20 e tem uma resistividade que varia entre 267 Ωm e 778 Ωm.

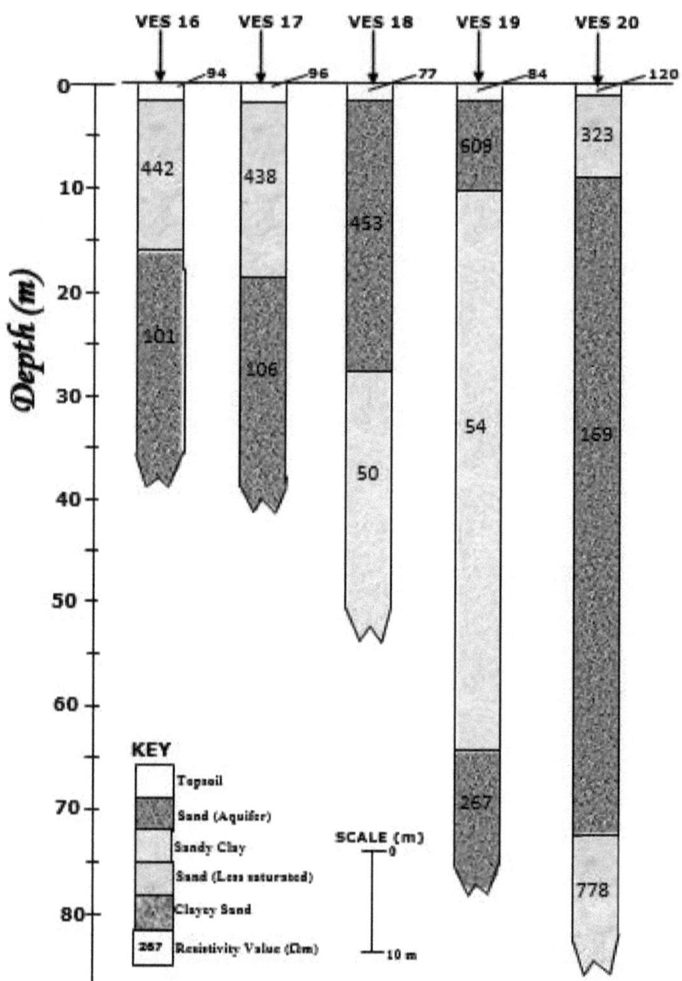

Fig. 4.9: Secção geoeléctrica ao longo da travessa 4

Secção geoeléctrica ao longo do perfil 5 relativo ao VES 21 - 25

A Figura 4.10 mostra a secção geoeléctrica para este perfil 5 que liga os VES 21, 22, 23, 24 e 25 posicionados a 70 m, 90 m, 100 m, 120 m e 140 m. A secção revela a presença de 3, 4 e 5 camadas geoeléctricas. A resistividade da primeira camada (solo superficial) varia de 28 Ωm a 81 Ωm, enquanto a espessura varia de 0,8 m a 1,8 m. A segunda camada é composta por areia argilosa e areia que tem resistividade variando de 74 Ωm a 332 Ωm, espessura variando de 1,6 m a 40,8 m e profundidade de 2,4 m a 41,7 m. A areia que representa o aquífero é identificada nos VES 23, 24 e 25 e tem resistividade variando de 164 Ωm a 332 Ωm. A terceira camada é composta por argila que possui resistividade variando de 33 Ωm a 48 Ωm. A quarta camada é composta por areia (aquífero) no VES 21 e tem um valor de resistividade de 362 Ωm com valores de espessura e profundidade de 20,4 m e 25,4 m. A quinta camada é composta por argila arenosa e tem um valor de resistividade de 55 Ωm.

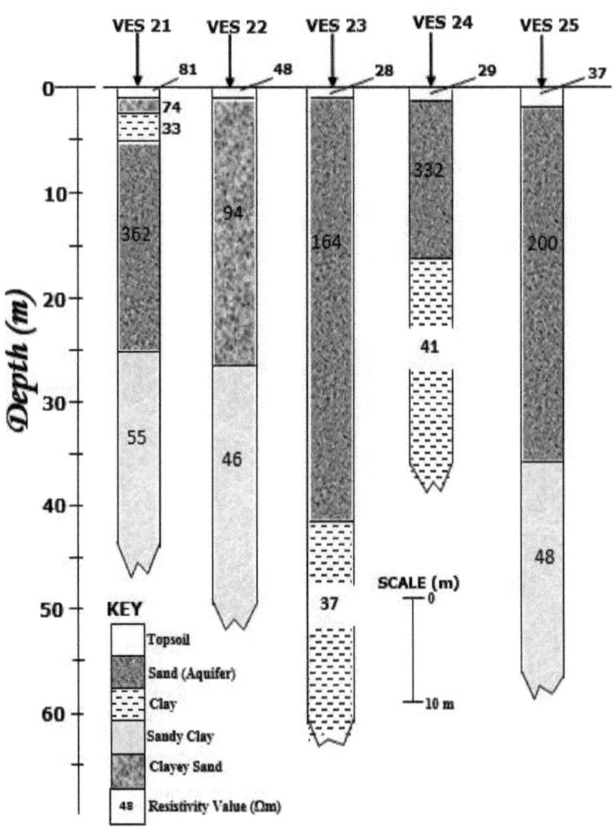

Fig. 4.10: Secção geoeléctrica ao longo da travessa 5

4.2.2 TRAVESSIA EM SEPARAÇÃO CONSTANTE (CST)

Pseudo-secção de resistividade 2-D ao longo da travessia 1

A pseudo-secção de resistividade 2-D ao longo da transversal 1 cobriu uma extensão de 200 m, como se mostra na Fig. 4.11. A resistividade da secção varia entre 22 Ωm e 259 Ωm. A secção 2-D foi sondada até uma profundidade de 39,6 m e foram identificadas três camadas geoeléctricas distintas: camada superficial do solo, camada de areia e camada de areia/argila/argila arenosa. A primeira camada, que é o solo superficial, tem valores de resistividade que variam entre 128 Ωm e 259 Ωm. Esta camada de areia estende-se para a segunda camada desde a profundidade de cerca de 2,5 m até à profundidade de cerca de 24 m e representa a unidade aquífera superficial. A terceira camada é composta por areia argilosa (cor verde profunda), argila arenosa (verde claro) e argila (cor azul) que tem valores de resistividade que variam de 31,3 Ωm a 98 Ωm e se estendem até à profundidade de 39,6 m, respetivamente.

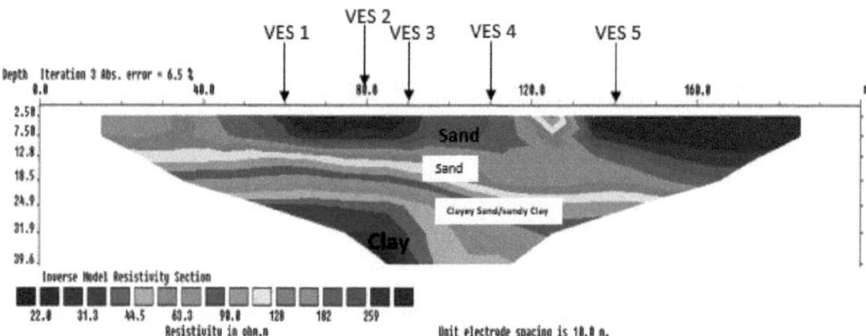

Fig. 4.11: Pseudo-secção de resistividade 2-D ao longo da travessa 1

Pseudo-secção de resistividade 2-D ao longo da travessia 2

A pseudo-secção de resistividade 2-D ao longo da transversal 2 cobriu uma extensão de 200 m, como se mostra na Fig. 4.12. A resistividade da secção 2-D varia entre 111 Ωm e 232 Ωm. A secção 2-D foi sondada até uma profundidade de 39,6 m e foram identificadas três camadas geoeléctricas distintas: camada superficial do solo, camada de areia e camada de areia. A primeira camada, que é a camada superficial do solo, tem valores de resistividade que variam entre 169 Ωm e 209 Ωm. A segunda camada é composta por areia que tem valores de resistividade que variam entre 188 Ωm e 232 Ωm e se estendem até à profundidade de 24,0 m, respetivamente. A terceira camada é composta de areia mais saturada e tem valores de resistividade que variam de 111 Ωm a 137 Ωm e se estende até 39,6 m abaixo.

Pseudo-secção de resistividade 2-D ao longo da travessia 3

A pseudo-secção de resistividade 2-D ao longo da travessa 3 cobriu uma extensão de 200 m, como se mostra na Fig. 4.13. A resistividade da secção varia de 2,82 Ωm a > 115 Ωm. A secção 2-D foi sondada até uma profundidade de 39,6 m e foram identificadas três camadas geoeléctricas distintas: camada superficial do solo, camada de areia e camada de areia/argila/argila arenosa. A primeira camada, que é o solo superficial, tem valores de resistividade que variam entre 68 Ωm e 115 Ωm. A segunda camada é composta por areia, que tem um valor de resistividade de 115 Ωm e se estende até uma profundidade de cerca de 15,0 m. A terceira camada é composta por argila (cor azul a castanha), que tem valores de resistividade que variam entre 5 Ωm e 39,9 Ωm e se estendem de uma profundidade de cerca de 15,0 m a 39,6 m.

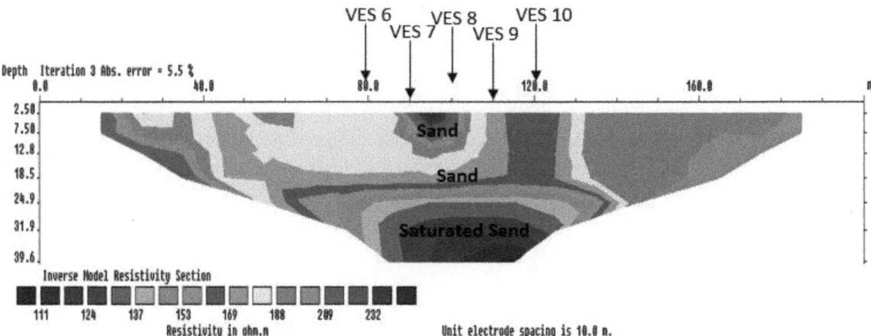

Fig. 4.12: Pseudo-secção de resistividade 2-D ao longo da Travessa 2

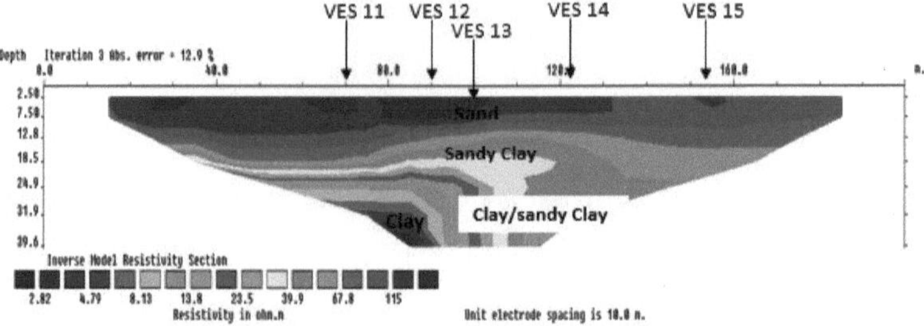

Fig. 4.13: Pseudo-secção de resistividade 2-D ao longo da Travessa 3

Pseudo-secção de resistividade 2-D ao longo da travessia 4

A pseudo-secção de resistividade 2-D ao longo da travessa 4 cobriu uma extensão de 200 m, como se mostra na Fig. 4.14. A resistividade da secção varia de 50 Ωm a 290 Ωm. A secção 2-D foi sondada até uma profundidade de 39,6 m e foram identificadas três camadas geoeléctricas distintas: camada superficial do solo, camada de areia e camada de areia/argila. A primeira camada (composta por areia), que é o solo superficial, tem valores de resistividade que variam entre 176 Ωm e 290 Ωm. A segunda camada é composta de areia que tem valores de resistividade que variam de 176 Ωm a 290 Ωm e se estendem até a profundidade de cerca de 32 m. A terceira camada se estende da profundidade de cerca de 32 m até a profundidade de 39,6 m. Esta camada é composta de argila arenosa, areia e areia argilosa e tem valores de resistividade que variam de 64 Ωm a 106 Ωm e se estendem da profundidade de cerca de 15,0 m a 39,6 m.

Pseudo-secção de resistividade 2-D ao longo da travessia 5

A pseudo-secção de resistividade 2-D ao longo da travessa 5 cobriu uma extensão de 200 m, como se mostra na Fig. 4.15. A resistividade da secção varia entre 55 Ωm e 507 Ωm. A secção 2-D foi sondada até uma profundidade de 39,6 m e foram identificadas três camadas geoeléctricas distintas: camadas de solo superficial, areia, areia argilosa e areia argilosa/argila/argila arenosa. A primeira camada (composta por areia argilosa e areia), que é o solo superficial, tem valores de resistividade que variam entre 89,9 Ωm e 269 Ωm. A segunda camada é composta de areia argilosa e areia que tem valores de resistividade que variam de 89,9 Ωm a 269 Ωm e se estendem a uma profundidade de cerca de 2,5 m a 32 m. A terceira camada se estende da profundidade de cerca de 32 m até a profundidade de 39,6 m. Esta camada é composta de areia e areia argilosa e tem valores de resistividade que variam de 89,9 Ωm a 507 Ωm.

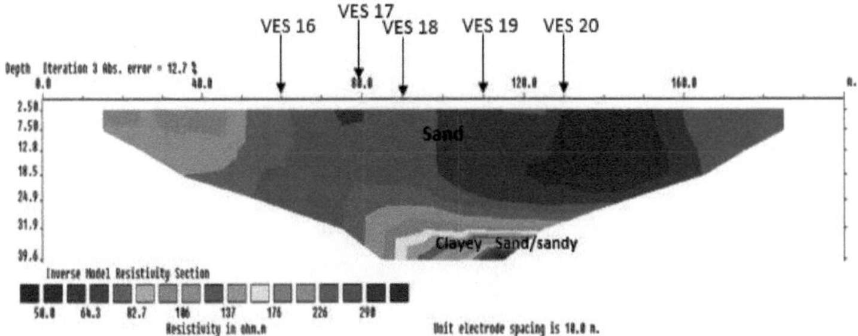

Fig. 4.14: Pseudo-secção de resistividade 2-D ao longo da travessa 4

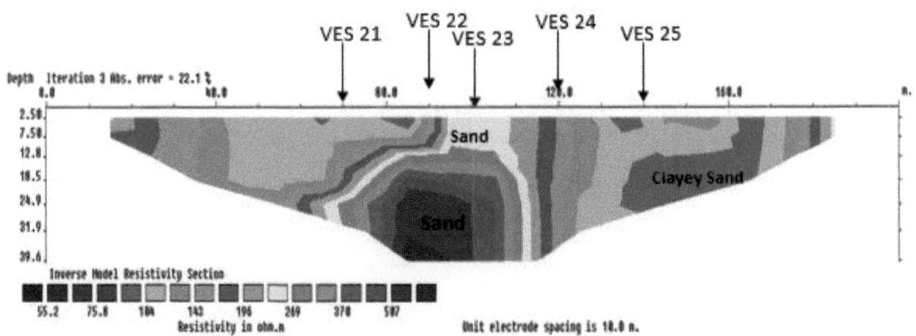

Fig. 4.15: Pseudo-secção de resistividade 2-D ao longo da travessa 5

4.3 Geração de mapas

4.3.1 Mapas de Resistividade e Espessura para o Aquífero 1

O mapa de resistividade para o aquífero 1 (aquífero superficial) mostra valores baixos de resistividade na parte norte da área de estudo onde foram adquiridos os VES 11 - 15 (Fig. 4.16). A resistividade do aquífero superficial aumenta em direção à parte norte e leste da área, com a espessura a aumentar em direção à parte noroeste da área (Fig. 4.17). A importância destes mapas consiste em identificar regiões de elevada espessura e resistividade moderada que podem favorecer a acumulação de água subterrânea.

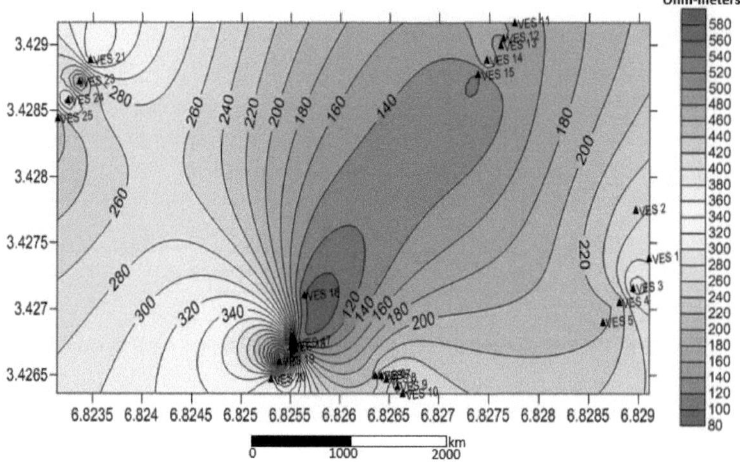

Fig. 4.16: Mapa de resistividade para o aquífero 1

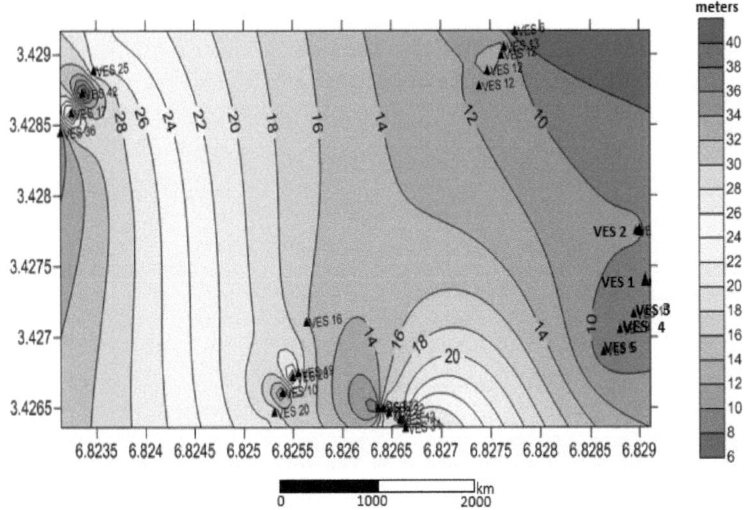

Fig. 4.17: Mapa de espessura para o Aquífero 1

4.3.   2Mapa de Resistividade   do Aquífero 2

A Fig. 4.18 representa o mapa de resistividade gerado para o aquífero 2. A resistividade do segundo aquífero aumenta em direção à parte sudoeste com valores de resistividade moderados em direção à parte norte da área. No entanto, o aquífero torna-se mais espesso na direção da parte norte da área (Fig. 4.19). Isto mostra que o aquífero com resistividade moderada e espessura elevada na parte norte da área terá um rendimento elevado de água subterrânea e será mais produtivo (por exemplo, VES 14 e 15).

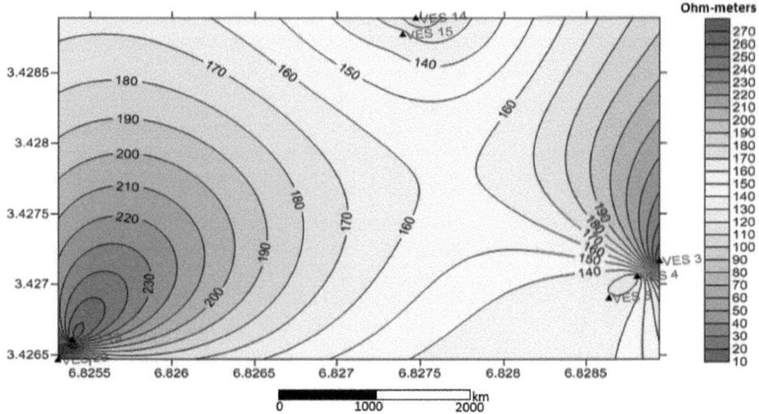

Fig. 4.16: Mapa de resistividade para o aquífero 1

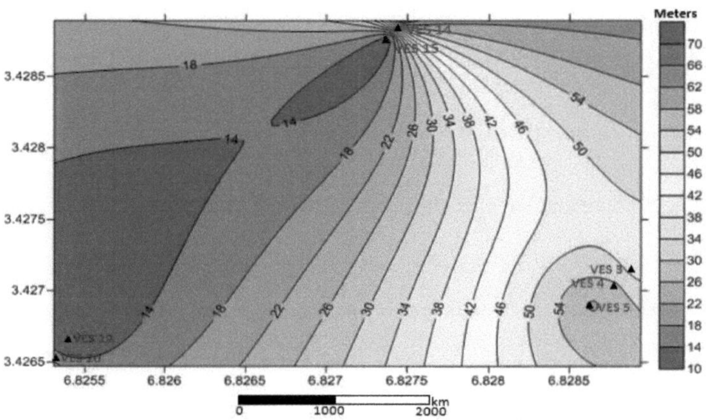

Fig. 4.19: Mapa de espessura para o Aquífero 2

4.   4Avaliação do   potencial de   águas subterrâneas da zona

A avaliação do potencial de águas subterrâneas da área foi derivada das sínteses das análises do tipo de curva, bem como dos mapas compostos da resistividade e dos mapas de espessura da camada de areia e das espessuras de sobrecarga, mostrando que a área de estudo tem um bom potencial de águas subterrâneas. O aquífero superficial

58

delineado poderia ser perfurado para fins domésticos, enquanto o aquífero profundo

delineado sob os VES 3, 4, 5, 14, 15, 19 e 20 poderia ser utilizado para fins industriais.

CAPÍTULO CINCO

CONCLUSÕES E RECOMENDAÇÕES

5.1CONCLUSÕES

Neste estudo, a aplicação da resistividade eléctrica utilizando a Sondagem Eléctrica Vertical (VES) e a Sondagem de Separação Constante (CST) foi utilizada na determinação das características geoeléctricas do aquífero na área de Mowe, no Estado de Ogun. Vinte e cinco (25) pontos VES foram ocupados ao longo de cinco (5) linhas CST utilizando o medidor de resistividade PASI. O estudo demonstrou que existem três a cinco camadas geoeléctricas na área de estudo: solo superficial, areia/areia argilosa, argila/argila arenosa/areia argilosa/areia argilosa, areia/argila e argila arenosa. A resistividade do solo superficial varia de 28 Ωm a 184 Ω com espessura de 0,8 m a 2,1 m. A camada de areia argilosa tem valores de resistividade que variam de 74 Ωm a 609 Ωm e espessura de 1,6 m a 40,8 m. A camada de areia identificada como a segunda camada representa a unidade aquífera. A terceira camada identificada como argila/argila arenosa/areia argilosa/areia argilosa tem resistividade entre 8 Ωm e 308 Ωm com espessura e profundidade de 15,4 m a 78,0 m e 16,5 m a 89,5 m, respetivamente. A areia identificada como a terceira camada nas VES 4, 5, 6 20 representa a unidade aquífera.

A camada de argila e areia identificada como a quarta camada geoeléctrica tem uma resistividade de 26 Ωm a 778 Ωm. A areia (110 Ωm a 659 Ωm) representa a segunda unidade aquífera. A camada de argila arenosa identificada como a quinta camada no VES 21 tem um valor de resistividade de 55 Ωm. Conclui-se, portanto, que estão identificadas duas unidades aquíferas (superficial e profunda) na área de estudo.

5.   2RECOMENDAÇÃO

A partir deste estudo, recomendou-se que a investigação geofísica se tornasse necessária antes de se iniciar a perfuração de furos de sondagem, porque a ocorrência de profundidade para as unidades aquíferas varia dentro da área de estudo e isto explica as causas da falha na perfuração de furos de sondagem.

REFERÊNCIAS

Adegoke, O.S. (1969): Eocene Stratigraphy of Southern Nigeria. Boletim do Centro de Investigação Geológica de E.T. Mineiros, 69: 222-243.

Adegoke, O.S. (1977): Stratigraphy and Paleontology of the Ewekoro Formation (Paleocene) of Southwestern Nigeria. Bulls. A Paleontol, Vol. 71, No. 295, 275pp.

Anomohanran, O. (2013): Investigação geofísica do potencial de águas subterrâneas em Ukelegbe, Nigéria, Journal of Applied Sciences, 13(1): 119-125.

Adeoti, L., Alile, O. M., Uchegbulam, O, e Adegbola, R. B. (2012): Investigação Geoeléctrica do Potencial das Águas Subterrâneas em Mowe, Estado de Ogun, Nigéria. British Journal of Applied Science & Technology 2(1): 58-71, 2012

Archie, G.E (1942): The Electrical Resistivity Log as an Aid to Determining Some Reservoir Characteristics, Trans. A.I.M.E., 146(1): 389-409.

Ariyo, S.O e Adeyemi, G.O. (2012): Caracterização geoeléctrica de aquíferos no complexo basal/zona de transição sedimentar, Sudoeste da Nigéria. Jornal Internacional de Investigação Científica Avançada e Tecnologia.

Asokhia, M. B, Azi S. O, e Ujuanbi O. (2000): Uma técnica simples de iteração por computador para a interpretação de sondagens eléctricas verticais. J. Nig. Assoc. Math. Phys., 4: 269 -280. Chilton PJ, Forster SSD (1995), Caracterização hidrogeológica e potencial de abastecimento de água de aquíferos subterrâneos na África tropical. Hydrogeol. J., 3(1): 36-49.

Aweto K.E, Akpoborie I. A. (2014): Estimativa dos parâmetros do aquífero com sondagens geoeléctricas da formação rasa de Benin em Orerokpe, Delta do Níger Ocidental, Nigéria. British Journal of Applied Science & Technology 6(5): 486-496.

Badmus, B. S. e O. B. Olatinsu, O. B. (2010): Características dos aquíferos e padrão de recarga de águas subterrâneas num complexo típico de subsolo, no sudoeste da Nigéria. Jornal Africano de Ciência e Tecnologia Ambiental Vol. 4 (6), pp. 328-342.

Billman H.G (1976): Estratigrafia e paleontologia offshore do embayment de Dahomey. Actas, 7º Colóquio Africano de Micropaleontologia, Ile-Ife.

Chukwudi, C. E. (2011): Estudos geoeléctricos para estimar as propriedades hidráulicas do aquífero no Estado de Enugu, Nigéria. Revista Internacional de Ciências Físicas Vol. 6(14), pp. 3319-3329.

Ekine, A.S. e G.T. Osobonye, (1996): Sondagem geoeléctrica de superfície para a determinação das características do aquífero em partes da Área do Governo Local de Bonny do Estado de Rivers. Nigerian Journal of Physics, 85: 93-97.

El-Qady, G. (2006): Exploração de um reservatório geotérmico utilizando a inversão da resistividade geoeléctrica: Estudo de caso em Hammam Mousa, Sinai, Egipto. Jornal de Geofísica e Engenharia, 3: 114- 121

Emenike, E. A. (2001): Exploração geofísica de águas subterrâneas num ambiente sedimentar. Global J. Pure Appl. Sci., 7(1): 97-102.

Griffiths, D.H. e Barker, R.D. (1993): Two dimensional resistivity imaging and modelling in areas of complex geology. Journal of Applied Geophysics, 29, 211-226.

Idornigie, A.I., Olorunfemi, M.O. (1992): Mapeamento geoeléctrico das estruturas do subsolo

Ioannis F. L, George A. K, Nikolaos S. V, e Filippos I. L. (2003): A contribuição de métodos geofísicos na determinação de parâmetros aquíferos: o caso do delta do rio Mornos, Grécia. Departamento de Geofísica e Geotermia, Universidade de Atenas, Panepistimiopolis, Ilissia, Atenas 15784, Grécia.

Ismail mohamaden, M.I., (2005): Investigação da resistividade eléctrica no porto de Nuweiba, Golfo de Aqaba, Sinal Sul, Egipto. Egyptian Journal Aquatic Research, 31: 57-68.

Jones, H. A., e Hockey, R.D. (1964): The Geology of part of Southwestern Nigeria. Geological Survey, Nigeria bulletin No, 3 I.

Kearey, P., Michael, B. e Ian, H. *(2002)*: An Introduction to Geophysical Exploration. Blackwell Science Limited, Oxford, U.K. 257.

Keller, G.V. e Frischknecht, F.C. (1966): Electrical Methods in Geophysical Prospecting. Pregamon Press. 519.

Kelly, W.E. e M. Stanislav, (1993): Applied Geophysics in Hyrogeological and Engineering Practice. Elsevier, Amesterdão, pp: 292.

Kelly, W., (1977): Sondagem geoeléctrica para estimar a condutividade hidráulica do aquífero. Groundwater 15 (6), 420-425.

Khalil, M.A. e F.A.S. Monterio, (2009): Influência do grau de saturação na relação resistividade eléctrica-condutividade hidráulica. Pesquisa em Geofísica, 10.1007/s10712-009-9072-4.

Kogbe, C. A. (1976): Paleogeographic History of Nigeria from Albian Times in Geology of Nigeria. (Ed. Kogbe, C.A.). Elizabeth Publishing Co., Lagos, Nigéria, 237-252.

K'Orowe, M. O., Nyadawa, M. O., Singh, V.S. e Ratnakar, D. (2011): Estimativa de parâmetros hidrogeofísicos para a caraterização de aquíferos em ambientes de rocha dura: Um estudo de caso da sub-bacia hidrográfica de Jangan, Índia. Jornal de Oceanografia e Ciências Marinhas, 2 (3): 50 - 62.

Loke, M. H., (1999): "Levantamentos de imagens eléctricas para estudos ambientais e de engenharia. Um guia prático para levantamentos 2-D e 3-D". 1 - 4.

Nejad, H. T. (2009): Investigação Geoeléctrica das Características do Aquífero e do Potencial das Águas Subterrâneas na Quinta da Universidade Behbahan Azad, Província de Khuzestan, Irão, Journal of Applied Sciences 9(20): 3691- 3698.

Niwas S, Singhal D. C (1985): Estimation of aquifer transmissivity from Dar-zarrouk parameters in porous media. Department of Earth Sciences, University of Roorkee, Roorkee 247 667 India)Journal of Hydrology, Volume 82, Issue 1, p. 143-153.

Mbonu, P.D.C., Ebeniro, J.O., Ofoegbu, C.O., e Ekine, A.S. (1991): Partes de sondagem geoeléctrica para a determinação das características do aquífero na área de Umuahia da Nigéria. Geofísica, vol.56, pp.284-291.

Moroof, O. O. e Adeyemi G. O. (2013): Avaliação Geofísica e Hidroquímica do Potencial e Carácter das Águas Subterrâneas da Área de Abeokuta, Sudoeste da Nigéria. Jornal de Geografia e Geologia; Vol. 6, No. 3, p162.

Ogbe, F. G. A. (1972): Stratigraphy of strata exposed in the Ewekoro quarry, Western Nigeria. In: T. F. J. Dessauvagie e Whiteman (Eds) African Geology, University Press, Nigéria, P. 305-322.

Olorunfemi, M. O, (1981): Proposta de relação direta para areia limpa e água salgada areia xistosa saturada utilizando a porosidade e a equação logarítmica.

Omatsola, M.E. e Adegoke, O.S. (1981): Evolução tectónica e estratigrafia cretácica da Bacia do Daomé. Jour. Mm. Geol. 18, 130-137.

Omosuyi, G.O., A. Adeyemo, e A.O. Adegoke, (2007): Investigação da prospeção de águas subterrâneas utilizando sondagem electromagnética e geoeléctrica em Afunbiowo, perto de Akure, Sudoeste da Nigéria. Pacific Journal of Science and Technology, 8: 172-182.

Onwuka. S., Omonona. O. e AniKa. O. (2013): Caracterização da qualidade das águas subterrâneas em três áreas de assentamento da metrópole de Enugu, sudeste da Nigéria. Ciências Ambientais da Terra 70 (3).

Oseji, J. O., Asokhia, M. B. e Okolie, E. C. (2006): Determinação do potencial das águas subterrâneas em Obiaruku e arredores usando sondagem geoeléctrica de superfície, Environmentalist, 26: 301-308.

Oseji JO, Atakpo EA, Okolie EC (2005): Investigação geoeléctrica das características do aquífero e do potencial das águas subterrâneas em Kwale, Delta State Nigéria, J. Applied Sci. Environ. Mgt., 9: 157-160.

Oyedele, K. F, Oladele S, e Adedoyin, O. (2011): Application of Geophysical and Geotechnical Methods to Site Characterization for Construction Purposes at Ikoyi, Lagos, Nigeria (Aplicação de métodos geofísicos e geotécnicos à caraterização de sítios para fins de construção em Ikoyi, Lagos, Nigéria). Jornal de Ciências da Terra e Engenharia Geotécnica, vol.1, no.1, 2011, 87-100

Patnode, H. W. e Wyllie, M. R. J. (1950): A presença de sólidos condutores em reservatórios

Rock as a Fator in Electric Log Interpretation, Trans AIME. Inst. Min.Metall.Eng., 189: 47-52.

Purvance, D. T., e R. Andricevic, (2000): Caracterização geoeléctrica do campo de condutividade hidráulica e sua estrutura espacial em escalas variáveis, Water Resource. Res., 36(10), 2915-2925.

Salem, H.S., (1999): Determinação da transmissividade de fluidos e da resistência eléctrica transversal para aquíferos pouco profundos e reservatórios profundos a partir de medições eléctricas de superfície e de poços. Hydrology and Earth System Sciences 3 (3), 421-427.

Sikander, P., A. Bakhsh, M. Arshad e T. Rana, (2010): A utilização do método de resistividade de sondagem eléctrica vertical para a localização de águas subterrâneas de baixa salinidade para irrigação em Chaj e Rana Doabs. Environment and Earth Science, 60: 1113- 1129.

Reyment, R.A. (1965): Aspectos da Geologia da Nigéria. Imprensa da Universidade de Ibadan. 133.

Reynolds, J. M. (1997): An introduction to Applied and Environment Geophysics. John Willey & Sons Ltd Baffins Lane, Chichester. Inglaterra. pp 417 - 460.

Russ, W. (1924): Os depósitos de fosfato da província de Abeokuta.Geol. Survey Nigeria Bull: 7:1 - 38.

Ujuanbi, O., (2000): Investigação de depósitos de argila na parte norte do Estado de Edo usando o método da resistividade eléctrica. Tese de doutoramento, Universidade Ambrose Alli.

Whiteman, A., (1982): Nigeria: Its Petroleum Geology resources and potential, Graham and Trotman Ltd. 1: 166.

Yadav, G.S. (1995): Relacionando parâmetros hidráulicos e geoeléctricos do aquífero Jayant, Índia. Journal of Hydrology, 167: 23-38.

Zohdy, A.A.R. (1976): Aplicação de métodos geofísicos de superfície (métodos eléctricos para investigação de águas subterrâneas). In: Techniques of water resources investigations of the United States Geological survey, section D, Book 2, pp.5-55.

Zohdy, A.A., G.P. Eaton, e D.R. Mabey, (1974): Application of Surface Geophysics to Groundwater Investigations. Serviço Geológico dos EUA.

APÊNDICE

WINRESIST VES RESULTADO

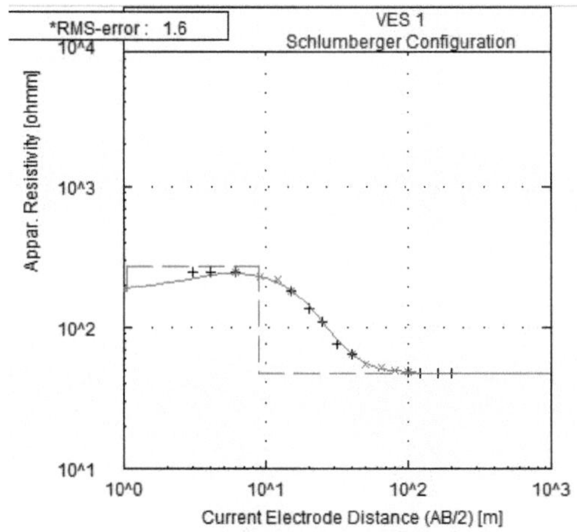

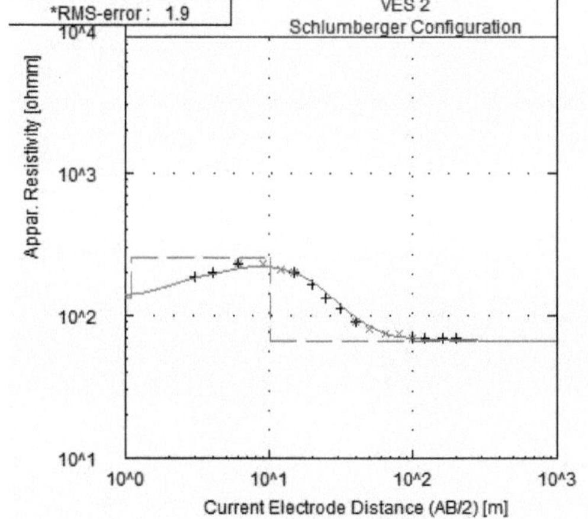

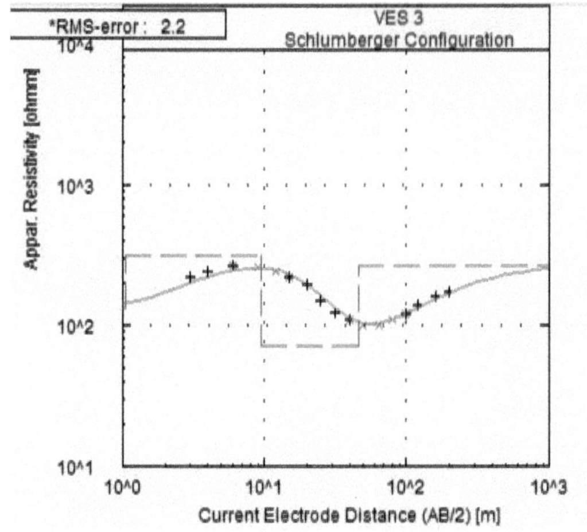

No	Res	Thick	Depth
1	133.0	1.1	1.1
2	316.0	8.5	9.6
3	71.1	36.9	46.5
4	264.6	-.-	-.-

* RMS on smoothed data

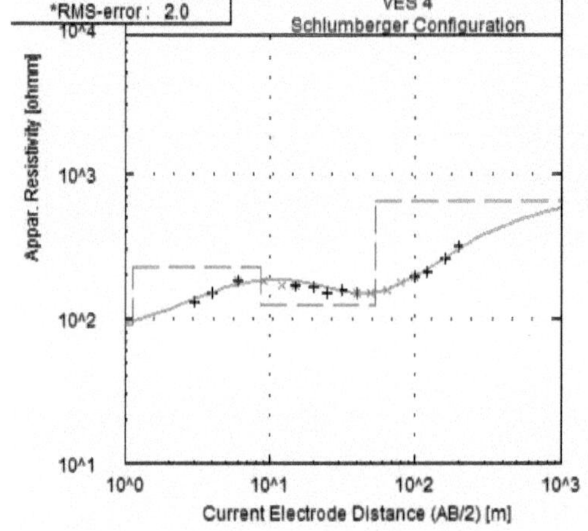

No	Res	Thick	Depth
1	90.6	1.1	1.1
2	223.6	7.5	8.7
3	123.1	45.2	53.8
4	653.5	-.-	-.-

* RMS on smoothed data

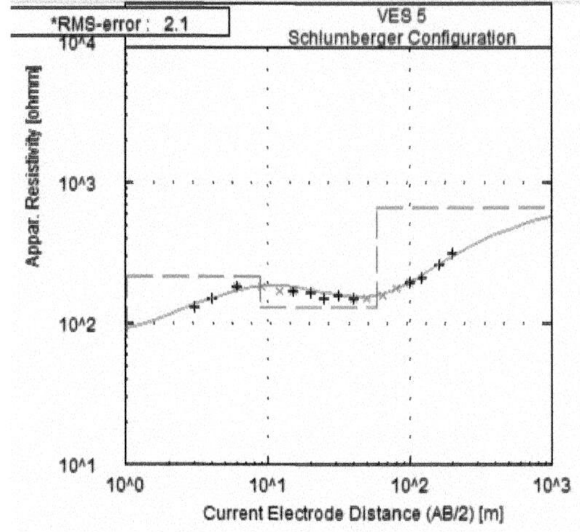

No	Res	Thick	Depth
1	86.5	1.0	1.0
2	215.7	7.9	8.9
3	131.2	49.8	58.7
4	659.2	-.-	-.-

* RMS on smoothed data

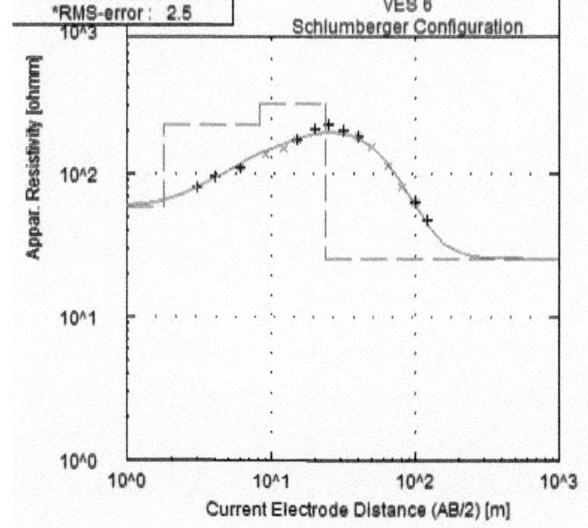

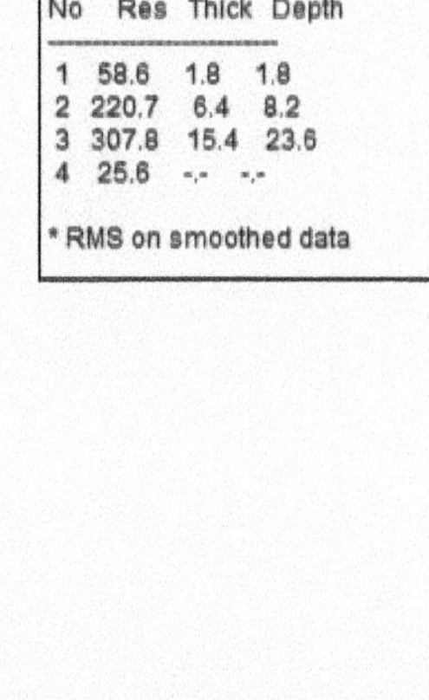

No	Res	Thick	Depth
1	58.6	1.8	1.8
2	220.7	6.4	8.2
3	307.8	15.4	23.6
4	25.6	-.-	-.-

* RMS on smoothed data

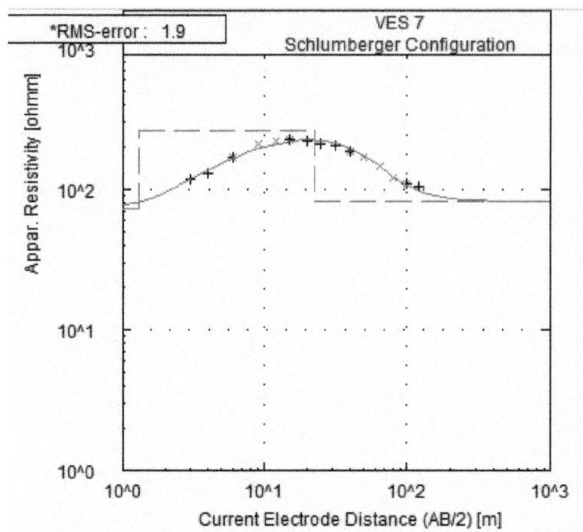

*RMS-error : 1.9
VES 7
Schlumberger Configuration
Appar. Resistivity [ohmm]
10^3
10^2
10^1
10^0
10^0
10^1
10^2
10^3
Current Electrode Distance (AB/2) [m]

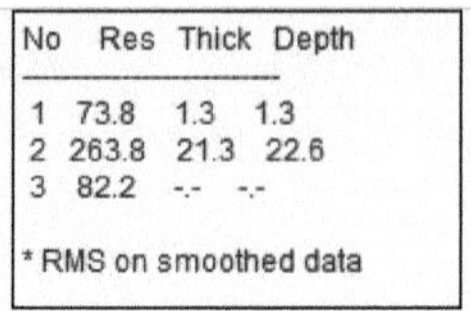

No   Res   Thick Depth
1   73.8   1.3   1.3
2   263.8   21.3   22.6
3   82.2   -.-   -.-
* RMS on smoothed data

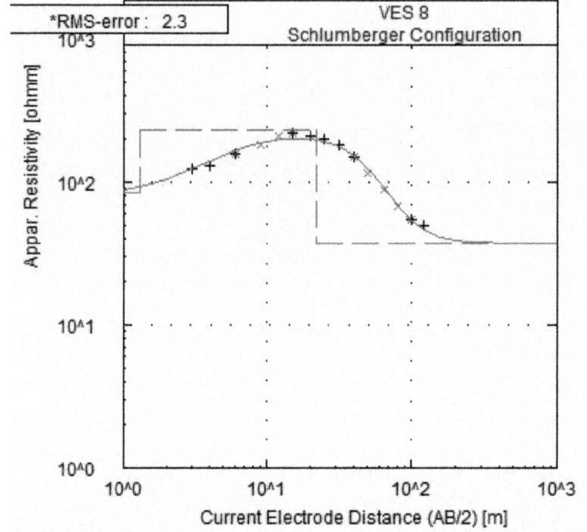

*RMS-error : 2.3
VES 8
Schlumberger Configuration
Appar. Resistivity [ohmm]
10^3
10^2
10^1
10^0
10^0
10^1
10^2
10^3
Current Electrode Distance (AB/2) [m]

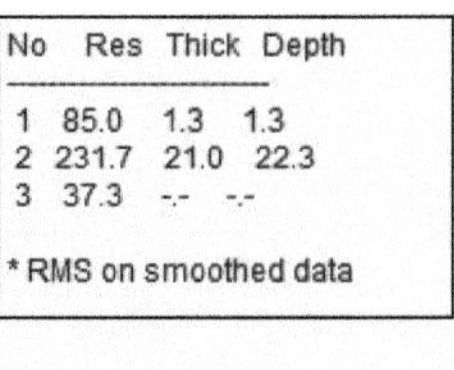

No   Res   Thick Depth
1   85.0   1.3   1.3
2   231.7   21.0   22.3
3   37.3   -.-   -.-
* RMS on smoothed data

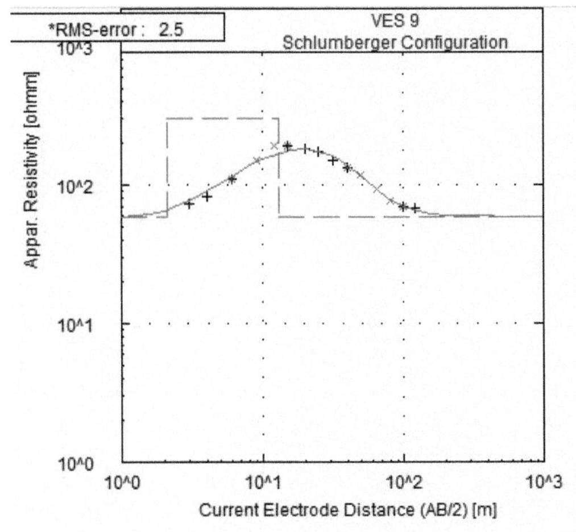

*RMS-error : 2.5
VES 9
Schlumberger Configuration
10^3
10^2
10^1
10^0
Appar. Resistivity [ohmm]
10^0   10^1   10^2   10^3
Current Electrode Distance (AB/2) [m]

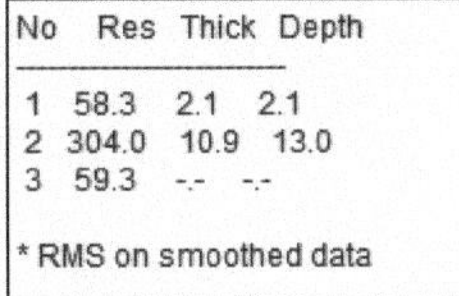

No   Res   Thick Depth
1   58.3   2.1   2.1
2   304.0   10.9   13.0
3   59.3   -.-   -.-
* RMS on smoothed data

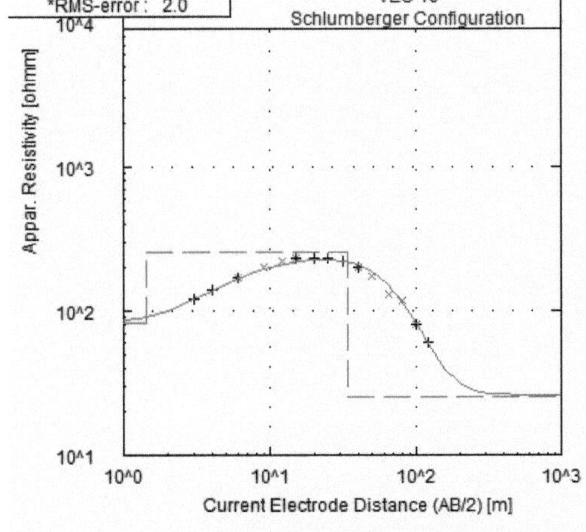

*RMS-error : 2.0
VES 10
Schlumberger Configuration
10^4
10^3
10^2
10^1
Appar. Resistivity [ohmm]
10^0   10^1   10^2   10^3
Current Electrode Distance (AB/2) [m]

No   Res   Thick Depth
1   83.0   1.4   1.4
2   257.2   32.3   33.8
3   25.7   -.-   -.-
* RMS on smoothed data

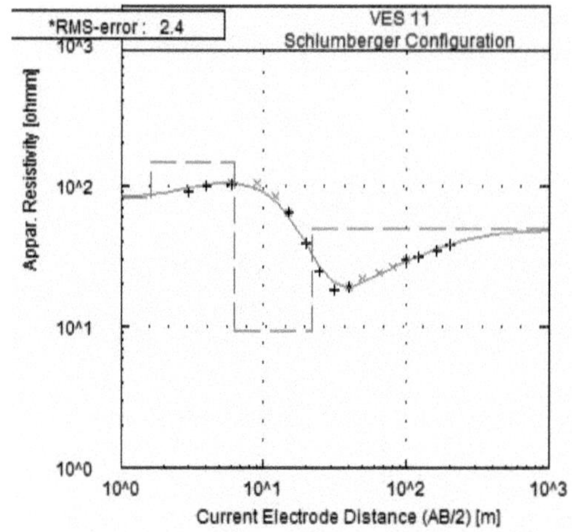

*RMS-error : 2.4
VES 11
Schlumberger Configuration
Appar. Resistivity [ohmm]
10^3
10^2
10^1
10^0
10^0   10^1   10^2   10^3
Current Electrode Distance (AB/2) [m]

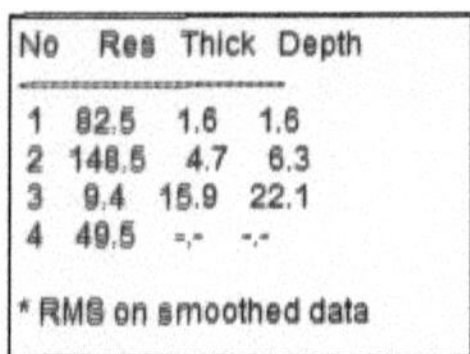

No   Res   Thick   Depth
1   82.5   1.6   1.6
2   148.5   4.7   6.3
3   9.4   15.9   22.1
4   49.5   -.-   -.-
* RMS on smoothed data

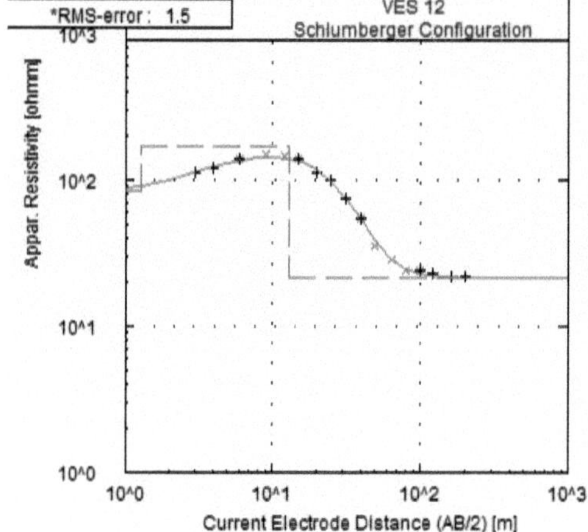

*RMS-error : 1.5
VES 12
Schlumberger Configuration
Appar. Resistivity [ohmm]
10^3
10^2
10^1
10^0
10^0   10^1   10^2   10^3
Current Electrode Distance (AB/2) [m]

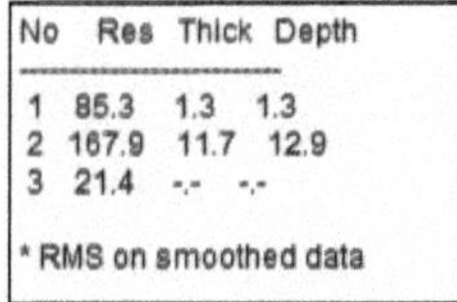

No   Res   Thick   Depth
1   85.3   1.3   1.3
2   167.9   11.7   12.9
3   21.4   -.-   -.-
* RMS on smoothed data

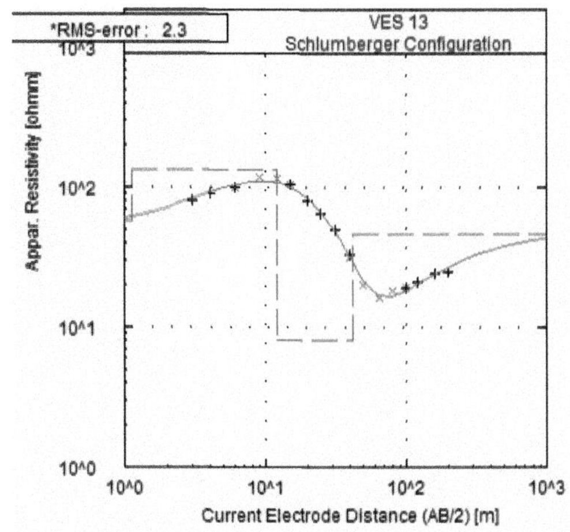

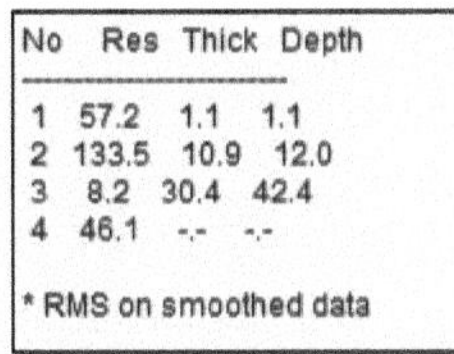

No	Res	Thick	Depth
1	57.2	1.1	1.1
2	133.5	10.9	12.0
3	8.2	30.4	42.4
4	46.1	-.-	-.-

* RMS on smoothed data

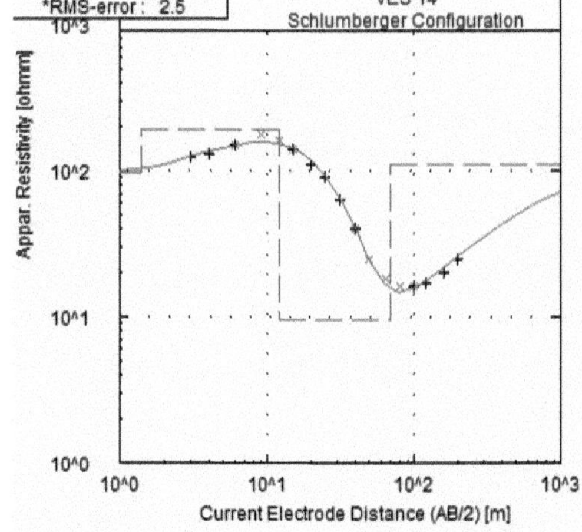

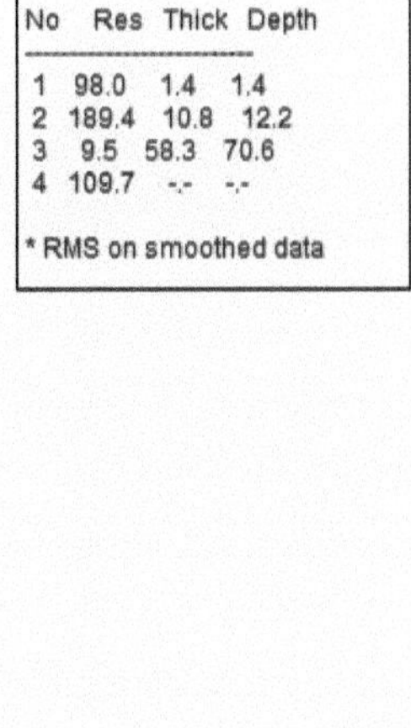

No	Res	Thick	Depth
1	98.0	1.4	1.4
2	189.4	10.8	12.2
3	9.5	58.3	70.6
4	109.7	-.-	-.-

* RMS on smoothed data

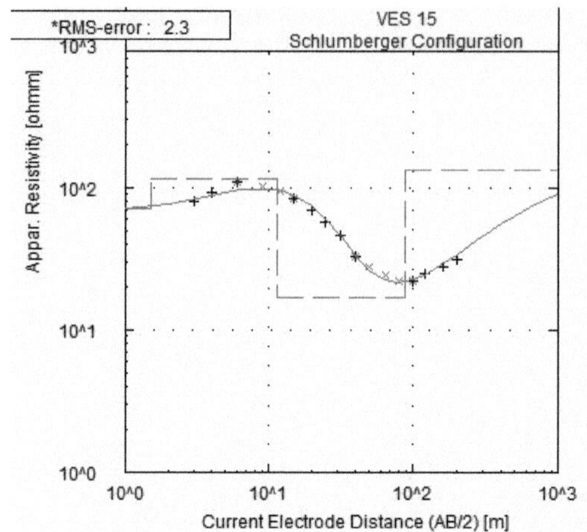

*RMS-error : 2.3
VES 15
Schlumberger Configuration
Appar. Resistivity [ohmm]
10^3
10^2
10^1
10^0
10^0
10^1
10^2
10^3
Current Electrode Distance (AB/2) [m]

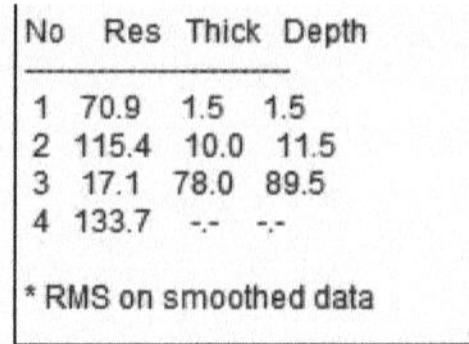

No   Res   Thick Depth
1   70.9   1.5   1.5
2   115.4 10.0 11.5
3   17.1   78.0 89.5
4   133.7 -.-   -.-
* RMS on smoothed data

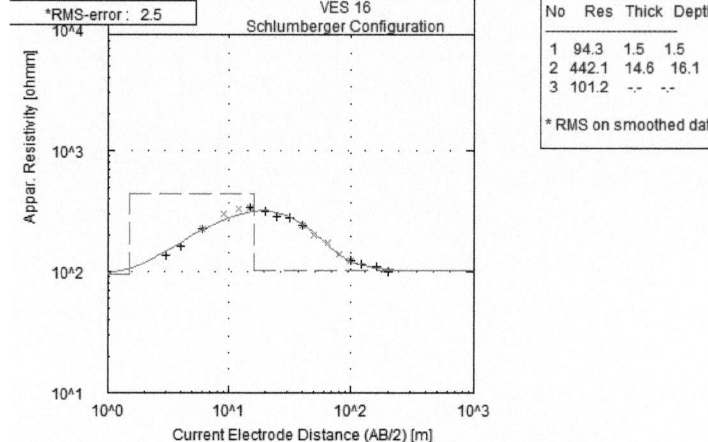

*RMS-error : 2.5
VES 16
Schlumberger Configuration
Appar. Resistivity [ohmm]
10^4
10^3
10^2
10^1
10^0
10^1
10^2
10^3
Current Electrode Distance (AB/2) [m]
No   Res   Thick Depth
1   94.3   1.5   1.5
2   442.1 14.6 16.1
3   101.2 -.-   -.-
* RMS on smoothed data

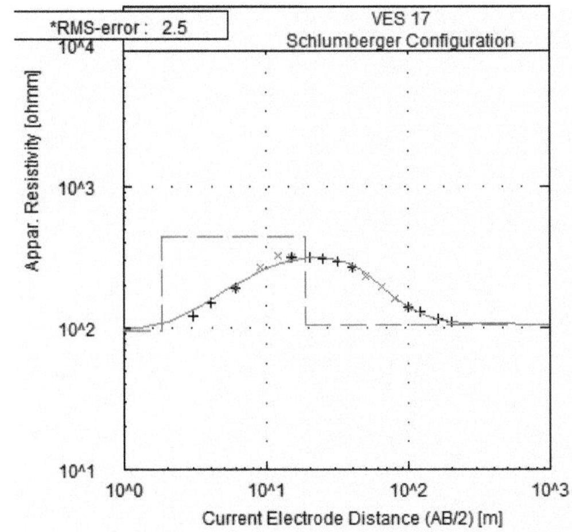
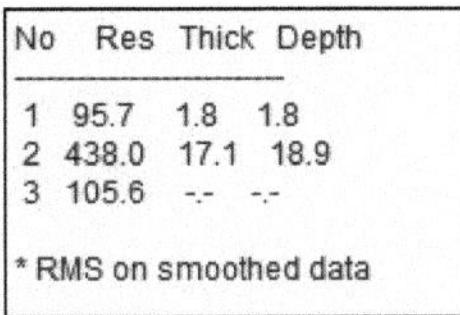

No	Res	Thick	Depth
1	95.7	1.8	1.8
2	438.0	17.1	18.9
3	105.6	-.-	-.-

* RMS on smoothed data

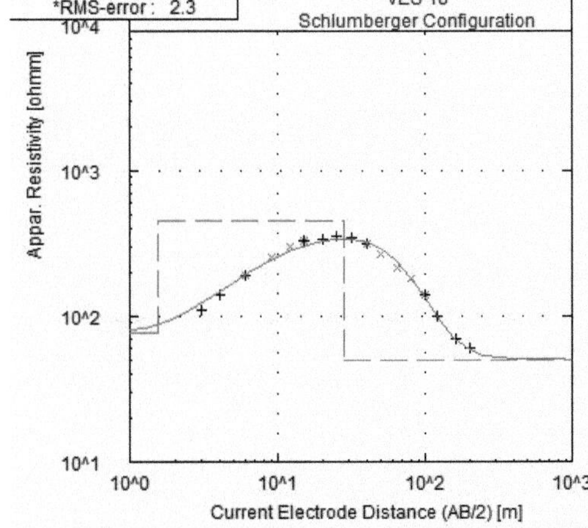

No	Res	Thick	Depth
1	76.6	1.6	1.6
2	453.2	26.5	28.0
3	50.3	-.-	-.-

* RMS on smoothed data

*RMS-error : 2.4
VES 19
Schlumberger Configuration
Appar. Resistivity [ohmm]
10^4
10^3
10^2
10^1
10^0
10^1
10^2
10^3
Current Electrode Distance (AB/2) [m]

No   Res   Thick Depth
1   84.2   1.7   1.7
2   609.0   8.7   10.4
3   53.6   54.3   64.7
4   267.2   -.-   -.-
* RMS on smoothed data

*RMS-error : 2.0
VES 20
Schlumberger Configuration
Appar. Resistivity [ohmm]
10^3
10^2
10^1
10^0
10^0
10^1
10^2
10^3
Current Electrode Distance (AB/2) [m]

No   Res   Thick Depth
1   119.7   0.8   0.8
2   322.7   18.7   19.5
3   168.9   53.5   73.0
4   777.7   -.-   -.-
* RMS on smoothed data

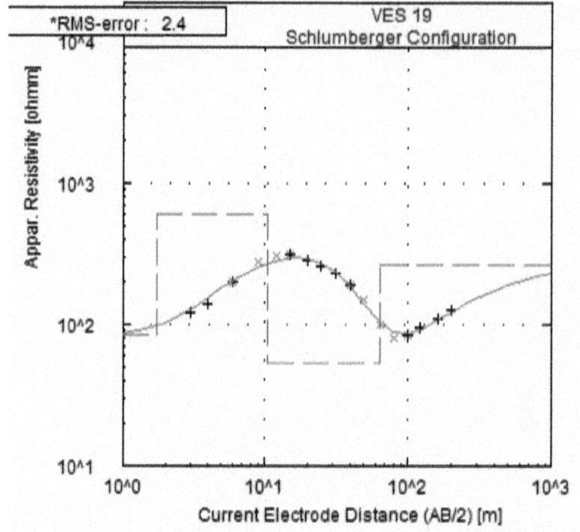

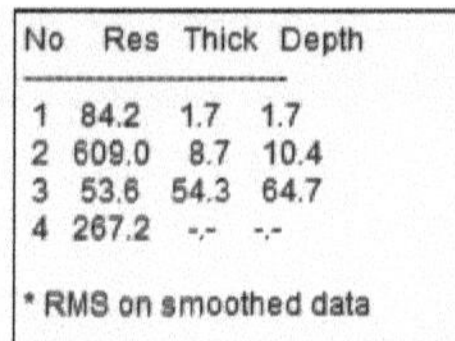

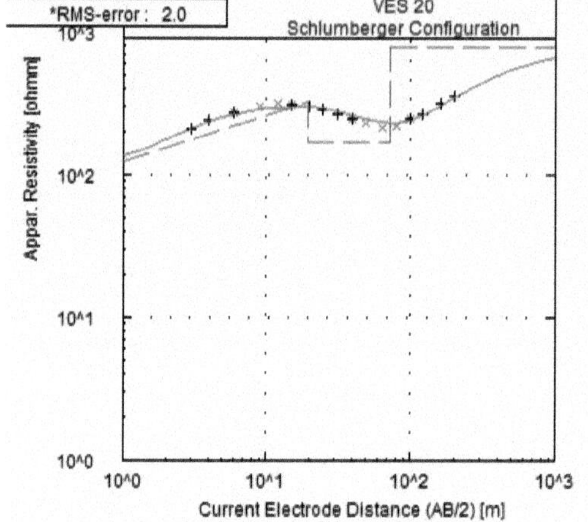

78

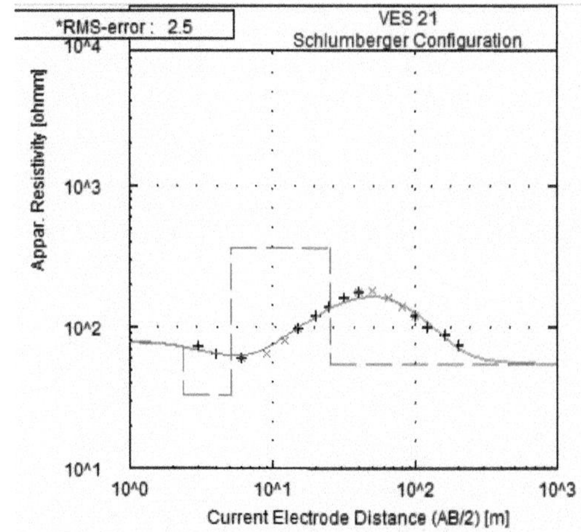

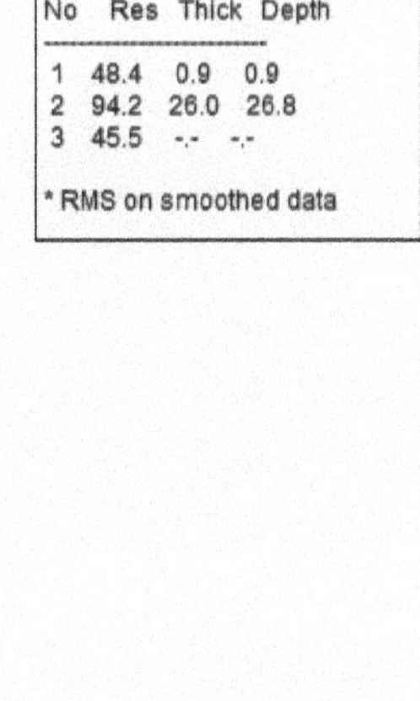

No	Res	Thick	Depth
1	80.5	0.8	0.8
2	73.6	1.6	2.4
3	33.0	2.7	5.1
4	361.9	20.4	25.4
5	54.7	-.-	-.-

* RMS on smoothed data

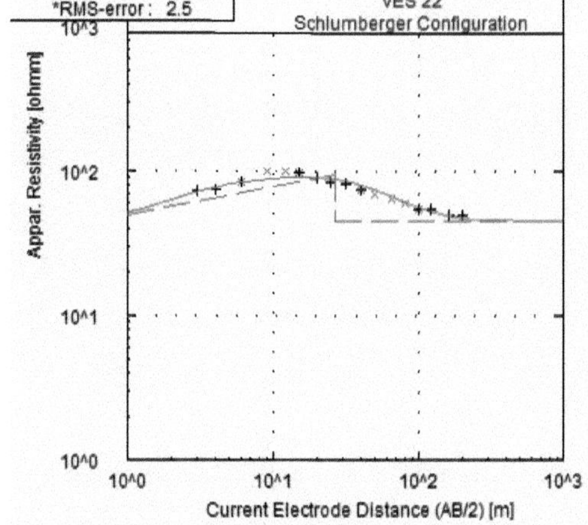

No	Res	Thick	Depth
1	48.4	0.9	0.9
2	94.2	26.0	26.8
3	45.5	-.-	-.-

* RMS on smoothed data

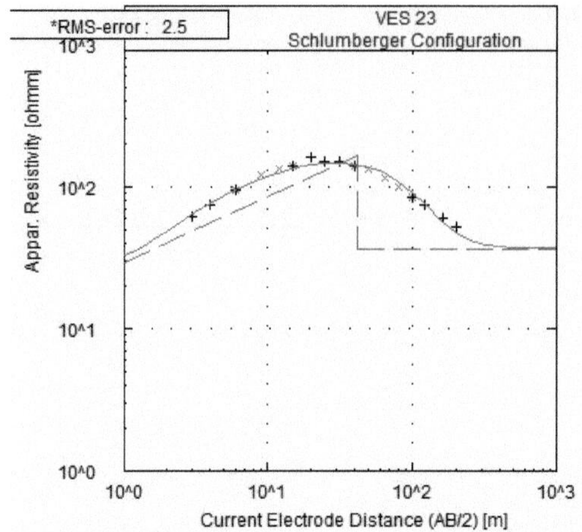

*RMS-error : 2.5
VES 23
Schlumberger Configuration
Appar. Resistivity [ohmm]
10^3
10^2
10^1
10^0
10^0
10^1
10^2
10^3
Current Electrode Distance (AB/2) [m]

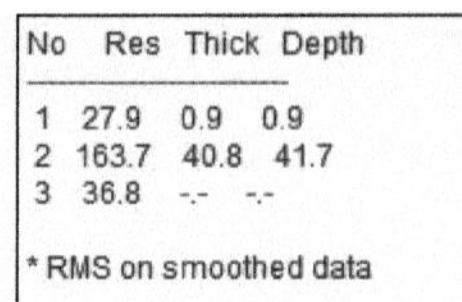

No   Res   Thick Depth
1   27.9   0.9   0.9
2   163.7 40.8   41.7
3   36.8   -.-   -.-
* RMS on smoothed data

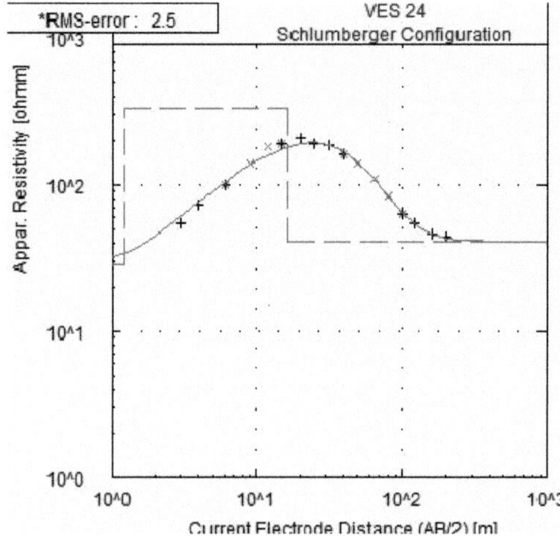

*RMS-error : 2.5
VES 24
Schlumberger Configuration
Appar. Resistivity [ohmm]
10^3
10^2
10^1
10^0
10^0
10^1
10^2
10^3
Current Electrode Distance (AB/2) [m]
No   Res   Thick Depth
1   28.8   1.2   1.2
2   331.8 15.3   16.5
3   40.8   -.-   -.-
* RMS on smoothed data

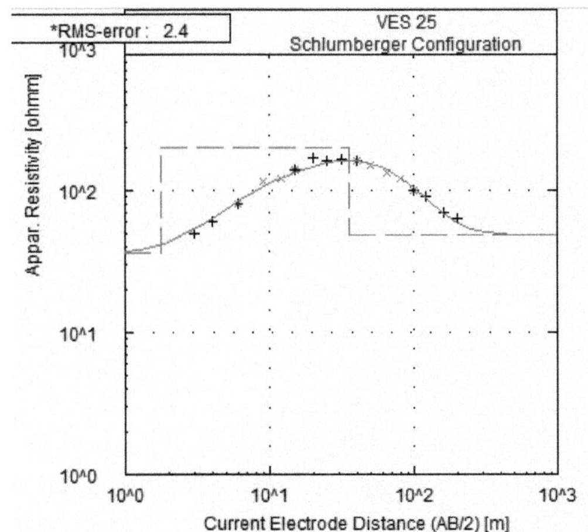

*RMS-error : 2.4
VES 25
Schlumberger Configuration
Appar. Resistivity [ohmm]
10^3
10^2
10^1
10^0
10^0
10^1
10^2
10^3
Current Electrode Distance (AB/2) [m]

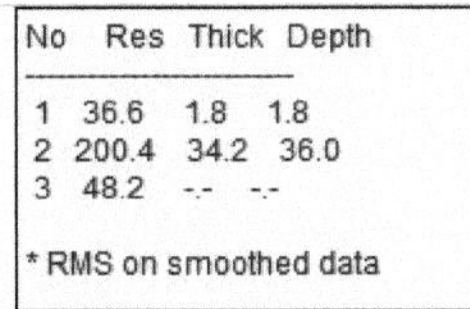

No   Res   Thick Depth
1   36.6   1.8   1.8
2   200.4 34.2   36.0
3   48.2   -.-   -.-
* RMS on smoothed data

APÊNDICE B

DADOS VES

VES 1

AB/2 (m)	MN/2	K-FACTOR	RES(Ω)	App Res(Ω m)
1	0.25	6.28	28.1	176.468
2		25.14	9.6	241.344
3		56.56	4.4	248.864
4		100.54	2.5	251.35
6		226.22	1.1	248.842
6	0.5	113.11	2.1	237.531
9		254.5	0.909	231.3405
12		452.45	0.484	218.9858
15		706.95	0.28	197.946
15	1	353.48	0.486	171.7913
20		628.4	0.218	136.9912
25		981.88	0.112	109.9706
32		1608.7	0.048	77.2176
40		2513.6	0.028	70.3808
40	2.5	1005.44	0.077	77.41888
50		1571	0.036	56.556
65		2654.99	0.03	79.6497
80		4021.76	0.01	40.2176
100		6284	0.026	163.384
100	5	3142	0.04	125.68
120		4524.48	0.011	49.76928

VES 2

AB/2 (m)	MN/2	K-FACTOR	RES(Ω)	App Res(Ω m)
1	0.25	6.28	27.9	175.212
2		25.14	7.1	178.494
3		56.56	3.3	186.648
4		100.54	2	201.08
6		226.22	0.955	216.0401
6	0.5	113.11	2.3	260.153
9		254.5	1.1	279.95
12		452.45	0.565	255.6343
15		706.95	0.322	227.6379
15	1	353.48	0.557	196.8884
20		628.4	0.261	164.0124
25		981.88	0.136	133.5357
32		1608.7	0.071	114.2177
40		2513.6	0.04	100.544
40	2.5	1005.44	0.105	105.5712
50		1571	0.063	98.973
65		2654.99	0.034	90.26966
80		4021.76	0.019	76.41344
100		6284	0.011	69.124
100	5	3142	0.02	62.84
120		4524.48	0.015	67.8672

AB/2 (m)	MN/2	K-FACTOR	RES(Ω)	App Res(Ω m)
160		8043.52	0.007	56.30464
200		12568	0.003	37.704

AB/2 (m)	MN/2	K-FACTOR	RES(Ω)	App Res(Ω m)
160		8043.52	0.0074	59.52205
200		12568	0.006	75.408

VES 3

AB/2 (m)	MN/2	K-FACTOR	RES(Ω)	App Res(Ω m)
1	0.25	6.28	21.3	133.764
2		25.14	7.1	178.494
3		56.56	3.9	220.584
4		100.54	2.4	241.296
6		226.22	1.1	248.842
6	0.5	113.11	2.6	294.086
9		254.5	1.2	305.4
12		452.45	0.688	311.2856
15		706.95	0.382	270.0549
15	1	353.48	0.586	207.1393
20		628.4	0.311	195.4324
25		981.88	0.142	139.427
32		1608.7	0.015	24.1305
40		2513.6	0.05	125.68
40	2.5	1005.44	0.113	113.6147
50		1571	0.06	94.26
65		2654.99	0.042	111.5096
80		4021.76	0.027	108.5875
100		6284	0.037	232.508
100	5	3142	0.092	289.064

VES 4

AB/2 (m)	MN/2	K-FACTOR	RES(Ω)	App Res(Ω m)
1	0.25	6.28	14.6	91.688
2		25.14	5.5	138.27
3		56.56	2.3	130.088
4		100.54	1.3	130.702
6		226.22	0.883	199.7523
6	0.5	113.11	0.186	21.03846
9		254.5	0.282	71.769
12		452.45	0.65	294.0925
15		706.95	0.245	173.2028
15	1	353.48	0.484	171.0843
20		628.4	0.275	172.81
25		981.88	0.163	160.0464
32		1608.7	0.101	162.4787
40		2513.6	0.061	153.3296
40	2.5	1005.44	0.162	162.8813
50		1571	0.129	202.659
65		2654.99	0.058	153.9894
80		4021.76	0.042	168.9139
100		6284	0.032	201.088
100	5	3142	0.061	191.662

120		4524.48	0.031	140.2589
160		8043.52	0.005	40.2176
200		12568	0.0068	85.4624

120		4524.48	0.023	104.063
160		8043.52	0.02	160.8704
200		12568	0.028	351.904

VES 5

AB/2 (m)	MN/2	K-FACTOR	RES(Ω)	App Res(Ωm)
1	0.25	6.28	15.5	97.34
2		25.14	6.2	155.868
3		56.56	2.1	118.776
4		100.54	1.4	140.756
6		226.22	0.889	201.1096
6	0.5	113.11	1.6	180.976
9		254.5	0.288	73.296
12		452.45	0.654	295.9023
15		706.95	0.261	184.514
15	1	353.48	0.479	169.3169
20		628.4	0.262	164.6408
25		981.88	0.138	135.4994
32		1608.7	0.098	157.6526
40		2513.6	0.058	145.7888
40	2.5	1005.44	0.148	148.8051
50		1571	0.124	194.804
65		2654.99	0.06	159.2994
80		4021.76	0.044	176.9574
100		6284	0.031	194.804

VES 6

AB/2 (m)	MN/2	K-FACTOR	RES(Ω)	App Res(Ωm)
1	0.25	6.28	10.2	64.056
2		25.14	3	75.42
3		56.56	1.4	79.184
4		100.54	0.952	95.71408
6		226.22	0.53	119.8966
6	0.5	113.11	1.1	124.421
9		254.5	0.537	136.6665
12		452.45	2.8	1266.86
15		706.95	0.243	171.7889
15	1	353.48	0.601	212.4415
20		628.4	0.327	205.4868
25		981.88	0.224	219.9411
32		1608.7	0.147	236.4789
40		2513.6	0.054	135.7344
40	2.5	1005.44	0.063	63.34272
50		1571	0.098	153.958
65		2654.99	0.043	114.1646
80		4021.76	0.02	80.4352
100		6284	0.034	213.656

100	5	3142	0.063	197.946
120		4524.48	0.026	117.6365
160		8043.52	0.019	152.8269
200		12568	0.026	326.768

100	5	3142	0.067	210.514
120		4524.48	0.069	312.1891
160		8043.52		0

VES 7

AB/2 (m)	MN/2	K-FACTOR	RES(Ω)	App Res(Ωm)
1	0.25	6.28	11.6	72.848
2		25.14	3.7	93.018
3		56.56	2.1	118.776
4		100.54	1.3	130.702
6		226.22	0.71	160.6162
6	0.5	113.11	1.5	169.665
9		254.5	0.829	210.9805
12		452.45	0.492	222.6054
15		706.95	0.322	227.6379
15	1	353.48	0.546	193.0001
20		628.4	0.333	209.2572
25		981.88	0.216	212.0861
32		1608.7	0.127	204.3049
40		2513.6	0.074	186.0064
40	2.5	1005.44	0.14	140.7616
50		1571	0.109	171.239
65		2654.99	0.055	146.0245
80		4021.76	0.027	108.5875

VES 8

AB/2 (m)	MN/2	K-FACTOR	RES(Ω)	App Res(Ωm)
1	0.25	6.28	18.2	114.296
2		25.14	4.6	115.644
3		56.56	2.2	124.432
4		100.54	1.3	130.702
6		226.22	0.696	157.4491
6	0.5	113.11	1.5	169.665
9		254.5	0.75	190.875
12		452.45	0.46	208.127
15		706.95	0.315	222.6893
15	1	353.48	0.483	170.7308
20		628.4	0.298	187.2632
25		981.88	0.195	191.4666
32		1608.7	0.118	189.8266
40		2513.6	0.063	158.3568
40	2.5	1005.44	0.148	148.8051
50		1571	0.074	116.254
65		2654.99	0.033	87.61467
80		4021.76	0.017	68.36992

100		6284	0.011	69.124
100	5	3142	0.03	94.26
120		4524.48	0.023	104.063

100		6284	0.0053	33.3052
100	5	3142	0.039	122.538
120		4524.48	0.015	67.8672

VES 9

AB/2 (m)	MN/2	K-FACTOR	RES(Ω)	App Res(Ωm)
1	0.25	6.28	8.8	55.264
2		25.14	2.4	60.336
3		56.56	1.3	73.528
4		100.54	0.826	83.04604
6		226.22	0.473	107.0021
6	0.5	113.11	1	113.11
9		254.5	0.583	148.3735
12		452.45	0.421	190.4815
15		706.95	0.279	197.2391
15	1	353.48	0.466	164.7217
20		628.4	0.282	177.2088
25		981.88	0.176	172.8109
32		1608.7	0.094	151.2178
40		2513.6	0.053	133.2208
40	2.5	1005.44	0.134	134.729
50		1571	0.075	117.825
65		2654.99	0.035	92.92465
80		4021.76	0.019	76.41344
100		6284	0.008	50.272

VES 10

AB/2 (m)	MN/2	K-FACTOR	RES(Ω)	App Res(Ωm)
1	0.25	6.28	12.3	77.244
2		25.14	3.9	98.046
3		56.56	2.3	130.088
4		100.54	1.1	110.594
6		226.22	0.8	180.976
6	0.5	113.11	1.6	180.976
9		254.5	0.841	214.0345
12		452.45	0.488	220.7956
15		706.95	0.327	231.1727
15	1	353.48	0.55	194.414
20		628.4	0.341	214.2844
25		981.88	0.222	217.9774
32		1608.7	0.13	209.131
40		2513.6	0.08	201.088
40	2.5	1005.44	0.151	151.8214
50		1571	0.111	174.381
65		2654.99	0.06	159.2994
80		4021.76	0.029	116.631
100		6284	0.013	81.692

AB/2 (m)	MN/2	K-FACTOR	RES(Ω)	App Res(Ωm)
100	5	3142	0.019	59.698
120		4524.48	0.015	67.8672

AB/2 (m)	MN/2	K-FACTOR	RES(Ω)	App Res(Ωm)
100	5	3142	0.025	78.55
120		4524.48	0.013	58.81824

VES 11

AB/2 (m)	MN/2	K-FACTOR	RES(Ω)	App Res(Ωm)
1	0.25	6.28	10	62.8
2		25.14	2.8	70.392
3		56.56	1.5	84.84
4		100.54	1	100.54
6		226.22	0.543	122.8375
6	0.5	113.11	1.1	124.421
9		254.5	0.679	172.8055
12		452.45	0.188	85.0606
15		706.95	0.388	274.2966
15	1	353.48	0.189	66.80772
20		628.4	0.062	38.9608
25		981.88	0.025	24.547
32		1608.7	0.01	16.087
40		2513.6	0.0062	15.58432
40	2.5	1005.44	0.038	38.20672
50		1571	0.014	21.994
65		2654.99	0.009	23.89491
80		4021.76	0.0072	28.95667
100		6284	0.004	25.136
100	5	3142	0.01	31.42

VES 12

AB/2 (m)	MN/2	K-FACTOR	RES(Ω)	App Res(Ωm)
1	0.25	6.28	13.3	83.524
2		25.14	3.9	98.046
3		56.56	2	113.12
4		100.54	1.1	110.594
6		226.22	0.438	99.08436
6	0.5	113.11	1.2	135.732
9		254.5	0.596	151.682
12		452.45	0.327	147.9512
15		706.95	0.196	138.5622
15	1	353.48	0.339	119.8297
20		628.4	0.182	114.3688
25		981.88	0.076	74.62288
32		1608.7	0.043	69.1741
40		2513.6	0.021	52.7856
40	2.5	1005.44	0.055	55.2992
50		1571	0.023	36.133
65		2654.99	0.009	23.89491
80		4021.76	0.0054	21.7175
100		6284	0.0033	20.7372
100	5	3142	0.0054	16.9668

120		4524.48	0.007	31.67136
160		8043.52	0.0044	35.39149
200		12568	0.0064	80.4352

120		4524.48	0.004	18.09792
160		8043.52	0.002	16.08704
200		12568	0.0013	16.3384

VES
13

AB/2 (m)	MN/2	K-FACTOR	RES(Ω)	App Res(Ω m)
1	0.25	6.28	9.1	57.148
2		25.14	2	50.28
3		56.56	1.3	73.528
4		100.54	0.907	91.18978
6		226.22	0.439	99.31058
6	0.5	113.11	0.886	100.2155
9		254.5	0.468	119.106
12		452.45	0.196	88.6802
15		706.95	0.126	89.0757
15	1	353.48	0.299	105.6905
20		628.4	0.201	126.3084
25		981.88	0.131	128.6263
32		1608.7	0.031	49.8697
40		2513.6	0.013	32.6768
40	2.5	1005.44	0.032	32.17408
50		1571	0.013	20.423
65		2654.99	0.006	15.92994
80		4021.76	0.0044	17.69574

VES
14

AB/2 (m)	MN/2	K-FACTOR	RES(Ω)	App Res(Ω m)
1	0.25	6.28	15.1	94.828
2		25.14	4.1	103.074
3		56.56	2.2	124.432
4		100.54	1.3	130.702
6		226.22	0.6	135.732
6	0.5	113.11	1.3	147.043
9		254.5	0.701	178.4045
12		452.45	0.341	154.2855
15		706.95	0.2	141.39
15	1	353.48	0.361	127.6063
20		628.4	0.171	107.4564
25		981.88	0.061	59.89468
32		1608.7	0.04	64.348
40		2513.6	0.018	45.2448
40	2.5	1005.44	0.04	40.2176
50		1571	0.02	31.42
65		2654.99	0.0073	19.38143
80		4021.76	0.006	24.13056

AB/2 (m)	MN/2	K-FACTOR	RES(Ω)	App Res(Ωm)
100		6284	0.002	12.568
100	5	3142	0.0061	19.1662
120		4524.48	0.00042	19.00282
160		8043.52	0.00033	26.54362
200		12568	0.002	25.1362

AB/2 (m)	MN/2	K-FACTOR	RES(Ω)	App Res(Ωm)
100		6284	0.00041	25.7644
100	5	3142	0.004	12.568
120		4524.48	0.003	13.57344
160		8043.52	0.0023	18.5001
200		12568	0.002	25.136

VES
15

AB/2 (m)	MN/2	K-FACTOR	RES(Ω)	App Res(Ωm)
1	0.25	6.28	11	69.08
2		25.14	3	75.42
3		56.56	1.1	62.216
4		100.54	0.914	91.89356
6		226.22	0.48	108.5856
6	0.5	113.11	0.91	102.9301
9		254.5	0.471	119.8695
12		452.45	0.2	90.49
15		706.95	0.13	91.9035
15	1	353.48	0.278	98.26744
20		628.4	0.21	131.964
25		981.88	0.143	140.4088
32		1608.7	0.041	65.9567
40		2513.6	0.015	37.704
40	2.5	1005.44	0.033	33.17952
50		1571	0.015	23.565

VES
16

AB/2 (m)	MN/2	K-FACTOR	RES(Ω)	App Res(Ωm)
1	0.25	6.28	13	81.64
2		25.14	4.1	103.074
3		56.56	2.4	135.744
4		100.54	1.6	160.864
6		226.22	0.791	178.94
6	0.5	113.11	2	226.22
9		254.5	1.3	330.85
12		452.45	0.731	330.741
15		706.95	0.479	338.6291
15	1	353.48	0.84	296.9232
20		628.4	0.481	302.2604
25		981.88	0.281	275.9083
32		1608.7	0.173	278.3051
40		2513.6	0.131	329.2816
40	2.5	1005.44	0.283	284.5395
50		1571	0.171	268.641

AB/2 (m)	MN/2	K-FACTOR	RES(Ω)	App Res(Ω m)
65		2654.99	0.008	21.23992
80		4021.76	0.005	20.1088
100		6284	0.003	18.852
100	5	3142	0.0073	22.9366
120		4524.48	0.005	22.6224
160		8043.52	0.0034	27.34797
200		12568	0.003	37.704

AB/2 (m)	MN/2	K-FACTOR	RES(Ω)	App Res(Ω m)
65		2654.99	0.065	172.5744
80		4021.76	0.038	152.8269
100		6284	0.03	188.52
100	5	3142	0.04	125.68
120		4524.48	0.025	113.112
160		8043.52	0.02	160.8704
200		12568	0.032	402.176

VES 17

AB/2 (m)	MN/2	K-FACTOR	RES(Ω)	App Res(Ω m)
1	0.25	6.28	12.1	75.988
2		25.14	3.9	98.046
3		56.56	2	113.12
4		100.54	1.5	150.81
6		226.22	0.78	176.4516
6	0.5	113.11	2.2	248.842
9		254.5	1.1	279.95
12		452.45	0.72	325.764
15		706.95	0.48	339.336
15	1	353.48	0.851	300.8115
20		628.4	0.47	295.348
25		981.88	0.299	293.5821
32		1608.7	0.181	291.1747
40		2513.6	0.12	301.632
40	2.5	1005.44	0.29	291.5776

VES 18

AB/2 (m)	MN/2	K-FACTOR	RES(Ω)	App Res(Ω m)
1	0.25	6.28	11.3	70.964
2		25.14	3.8	95.532
3		56.56	1.9	107.464
4		100.54	1.3	130.702
6		226.22	0.77	174.1894
6	0.5	113.11	2	226.22
9		254.5	1	254.5
12		452.45	0.717	324.4067
15		706.95	0.491	347.1125
15	1	353.48	0.863	305.0532
20		628.4	0.486	305.4024
25		981.88	0.302	296.5278
32		1608.7	0.198	318.5226
40		2513.6	0.118	296.6048
40	2.5	1005.44	0.282	283.5341

AB/2 (m)	MN/2	K-FACTOR	RES(Ω)	App Res(Ω m)
50		1571	0.163	256.073
65		2654.99	0.074	196.4693
80		4021.76	0.04	160.8704
100		6284	0.028	175.952
100	5	3142	0.037	116.254
120		4524.48	0.027	122.161
160		8043.52	0.019	152.8269
200		12568	0.031	389.608

AB/2 (m)	MN/2	K-FACTOR	RES(Ω)	App Res(Ω m)
50		1571	0.17	267.07
65		2654.99	0.082	217.7092
80		4021.76	0.041	164.8922
100		6284	0.025	157.1
100	5	3142	0.033	103.686
120		4524.48	0.024	108.5875
160		8043.52	0.0094	75.60909
200		12568	0.041	515.288

VES
19

AB/2 (m)	MN/2	K-FACTOR	RES(Ω)	App Res(Ω m)
1	0.25	6.28	14.8	92.944
2		25.14	5.3	133.242
3		56.56	2.4	135.744
4		100.54	1.4	140.756
6		226.22	0.747	168.9863
6	0.5	113.11	1.9	214.909
9		254.5	1.1	279.95
12		452.45	0.849	384.1301
15		706.95	0.447	316.0067
15	1	353.48	0.74	261.5752
20		628.4	0.399	250.7316
25		981.88	0.246	241.5425
32		1608.7	0.136	218.7832
40		2513.6	0.079	198.5744

VES
20

AB/2 (m)	MN/2	K-FACTOR	RES(Ω)	App Res(Ω m)
1	0.25	6.28	20.5	128.74
2		25.14	6.9	173.466
3		56.56	3.9	220.584
4		100.54	2.4	241.296
6		226.22	1.2	271.464
6	0.5	113.11	2.2	248.842
9		254.5	1.3	330.85
12		452.45	0.736	333.0032
15		706.95	0.454	320.9553
15	1	353.48	0.849	300.1045
20		628.4	0.757	475.6988
25		981.88	0.292	286.709
32		1608.7	1.7	2734.79
40		2513.6	0.833	2093.829

AB/2 (m)	MN/2	K-FACTOR	RES(Ω)	App Res(Ωm)
40	2.5	1005.44	0.206	207.1206
50		1571	0.112	175.952
65		2654.99	0.044	116.8196
80		4021.76	0.02	80.4352
100		6284	0.01	62.84
100	5	3142	0.02	62.84
120		4524.48	0.017	76.91616
160		8043.52	0.019	152.8269
200		12568	0.01	125.68

AB/2 (m)	MN/2	K-FACTOR	RES(Ω)	App Res(Ωm)
40	2.5	1005.44	0.275	276.496
50		1571	0.123	193.233
65		2654.99	0.081	215.0542
80		4021.76	0.059	237.2838
100		6284	0.037	232.508
100	5	3142	0.102	320.484
120		4524.48	0.08	361.9584
160		8043.52	0.042	337.8278
200		12568	0.03	377.04

VES 21

AB/2 (m)	MN/2	K-FACTOR	RES(Ω)	App Res(Ωm)
1	0.25	6.28	8.6	54.008
2		25.14	2.7	67.878
3		56.56	1.3	73.528
4		100.54	0.599	60.22346
6		226.22	0.228	51.57816
6	0.5	113.11	0.777	87.88647
9		254.5	0.253	64.3885
12		452.45	0.022	9.9539
15		706.95	0.073	51.60735
15	1	353.48	0.277	97.91396
20		628.4	0.191	120.0244
25		981.88	0.17	166.9196
32		1608.7	0.129	207.5223

VES 22

AB/2 (m)	MN/2	K-FACTOR	RES(Ω)	App Res(Ωm)
1	0.25	6.28	7.2	45.216
2		25.14	2.4	60.336
3		56.56	1.3	73.528
4		100.54	0.799	80.33146
6		226.22	0.362	81.89164
6	0.5	113.11	0.753	85.17183
9		254.5	0.135	34.3575
12		452.45	2.6	1176.37
15		706.95	0.137	96.85215
15	1	353.48	0.085	30.0458
20		628.4	0.093	58.4412
25		981.88	0.068	66.76784
32		1608.7	0.053	85.2611

AB/2 (m)	MN/2	K-FACTOR	RES(Ω)	App Res(Ωm)
40		2513.6	0.084	211.1424
40	2.5	1005.44	0.195	196.0608
50		1571	0.135	212.085
65		2654.99	0.075	199.1243
80		4021.76	0.035	140.7616
100		6284	0.014	87.976
100	5	3142	0.031	97.402
120		4524.48	0.018	81.44064
160		8043.52	0.011	88.47872
200		12568	0.0084	105.5712

AB/2 (m)	MN/2	K-FACTOR	RES(Ω)	App Res(Ωm)
40		2513.6	0.035	87.976
40	2.5	1005.44	0.153	153.8323
50		1571	0.085	133.535
65		2654.99	0.045	119.4746
80		4021.76	0.012	48.26112
100		6284	0.011	69.124
100	5	3142	0.022	69.124
120		4524.48	0.02	90.4896
160		8043.52	0.007	56.30464
200		12568	0.004	50.272

VES 23

AB/2 (m)	MN/2	K-FACTOR	RES(Ω)	App Res(Ωm)
1	0.25	6.28	5.2	32.656
2		25.14	2.1	52.794
3		56.56	1.1	62.216
4		100.54	0.664	66.75856
6		226.22	0.103	23.30066
6	0.5	113.11	0.848	95.91728
9		254.5	0.441	112.2345
12		452.45	0.291	131.663
15		706.95	0.205	144.9248
15	1	353.48	0.398	140.685
20		628.4	0.273	171.5532
25		981.88	0.176	172.8109

VES 24

AB/2 (m)	MN/2	K-FACTOR	RES(Ω)	App Res(Ωm)
1	0.25	6.28	4.3	27.004
2		25.14	1.6	40.224
3		56.56	1.2	67.872
4		100.54	0.729	73.29366
6		226.22	0.539	121.9326
6	0.5	113.11	1.5	169.665
9		254.5	0.999	254.2455
12		452.45	0.619	280.0666
15		706.95	0.284	200.7738
15	1	353.48	0.544	192.2931
20		628.4	0.334	209.8856
25		981.88	0.197	193.4304

AB/2 (m)	MN/2	K-FACTOR	RES(Ω)	App Res(Ωm)
32		1608.7	0.126	202.6962
40		2513.6	0.098	246.3328
40	2.5	1005.44	0.282	283.5341
50		1571	0.143	224.653
65		2654.99	0.064	169.9194
80		4021.76	0.041	164.8922
100		6284	0.026	163.384
100	5	3142	0.03	94.26
120		4524.48	0.01	45.2448
160		8043.52	0.0051	41.02195
200		12568	0.0041	51.5288

AB/2 (m)	MN/2	K-FACTOR	RES(Ω)	App Res(Ωm)
32		1608.7	0.117	188.2179
40		2513.6	0.07	175.952
40	2.5	1005.44	0.152	152.8269
50		1571	0.101	158.671
65		2654.99	0.045	119.4746
80		4021.76	0.021	84.45696
100		6284	0.01	62.84
100	5	3142	0.036	113.112
120		4524.48	0.032	144.7834
160		8043.52	0.018	144.7834
200		12568	0.01	125.68

VES 25

AB/2 (m)	MN/2	K-FACTOR	RES(Ω)	App Res(Ωm)
1	0.25	6.28	6.1	38.308
2		25.14	2.2	55.308
3		56.56	1.2	67.872
4		100.54	0.6	60.324
6		226.22	0.104	23.52688
6	0.5	113.11	0.8	90.488
9		254.5	0.45	114.525
12		452.45	0.266	120.3517
15		706.95	0.2	141.39
15	1	353.48	0.395	139.6246
20		628.4	0.27	169.668
25		981.88	0.18	176.7384

32		1608.7	0.13	209.131
40		2513.6	0.092	231.2512
40	2.5	1005.44	0.275	276.496
50		1571	0.15	235.65
65		2654.99	0.07	185.8493
80		4021.76	0.045	180.9792
100		6284	0.03	188.52
100	5	3142	0.035	109.97
120		4524.48	0.013	58.81824
160		8043.52	0.008	64.34816
200		12568	0.005	62.84

APÊNDICE C

DADOS CST

TRAVESSIA 1		10 m				20 m		
E-P	RESISTÊNCIA	FACTOR K	APP RES					
0,10,20,30	2.1	62.84	131.964		E-P	RESISTÊNCIA	FACTOR K	APP RES
40	2.5	62.84	157.1		0,20,40,60	0.723	125.68	90.86664
50	2.6	62.84	163.384		70	0.711	125.68	89.35848
60	3.5	62.84	219.94		80	0.968	125.68	121.6582
70	2.7	62.84	169.668		90	1	125.68	125.68
80	4.1	62.84	257.644		100	1	125.68	125.68
90	3.2	62.84	201.088		110	1	125.68	125.68
100	4.3	62.84	270.212		120	0.924	125.68	116.1283
110	3.1	62.84	194.804		130	1.5	125.68	188.52
120	3.2	62.84	201.088		140	1.3	125.68	163.384
130	4.5	62.84	282.78		150	0.945	125.68	118.7676
140	1.9	62.84	119.396		160	1.2	125.68	150.816
150	5.7	62.84	358.188		170	1.9	125.68	238.792
160	3.6	62.84	226.224		180	1.7	125.68	213.656
170	4.3	62.84	270.212		190	1.5	125.68	188.52
180	5.1	62.84	320.484		200	1.7	125.68	213.656
190	5.2	62.84	326.768					
200	4.9	62.84	307.916					
	30 m					40 m		
E-P	RESISTÊNCIA	FACTOR K	APP RES		E-P	RESISTÊNCIA	FACTOR K	APP RES
0,30,60,90	0.32	188.52	60.3264		0,40,80,120	0.256	251.36	64.34816

96

E-P	RESISTÊNCIA	FACT OR K	APP RES		E-P	RESISTÊNCIA	FACT OR K	APP RES
100	0.432	188.52	81.44064		130	0.346	251.36	86.97056
110	0.522	188.52	98.40744		140	0.357	251.36	89.73552
120	0.552	188.52	104.063		150	0.534	251.36	134.2262
130	0.598	188.52	112.735		160	0.348	251.36	87.47328
140	0.575	188.52	108.399		170	0.252	251.36	63.34272
150	0.543	188.52	102.3664		180	0.325	251.36	81.692
160	0.472	188.52	88.98144		190	0.383	251.36	96.27088
170	0.605	188.52	114.0546		200	0.422	251.36	106.0739
180	0.745	188.52	140.4474					
190	0.865	188.52	163.0698					
200	0.944	188.52	177.9629					

	50 m					60 m		
E-P	RESISTÊNCIA	FACT OR K	APP RES					
0,50,100,150	0.203	314.2	63.7826		E-P	RESISTÊNCIA	FACT OR K	APP RES
160	0.241	314.2	75.7222		0,60,120,180	0.149	377.04	56.17896
170	0.207	314.2	65.0394		190	0.122	377.04	45.99888
180	0.181	314.2	56.8702		200	0.16	377.04	60.3264
190	0.191	314.2	60.0122					
200	0.223	314.2	70.0666					

TRAVERSE 2		10 m				20 m		
E-P	RESISTÊNCIA	FACT OR K	APP RES					
0,10,20,30	3.3	62.84	207.372		E-P	RESISTÊNCIA	FACT OR K	APP RES

E-P	RESISTÊNCIA	FACTOR K	APP RES		E-P	RESISTÊNCIA	FACTOR K	APP RES
40	2.9	62.84	182.236		0,20,40,60	1.4	125.68	175.952
50	3.2	62.84	201.088		70	1.5	125.68	188.52
60	2.7	62.84	169.668		80	1.5	125.68	188.52
70	3.1	62.84	194.804		90	1.6	125.68	201.088
80	2.8	62.84	175.952		100	1.4	125.68	175.952
90	3.1	62.84	194.804		110	1.2	125.68	150.816
100	2.7	62.84	169.668		120	1.4	125.68	175.952
110	3.3	62.84	207.372		130	1.6	125.68	201.088
120	2.4	62.84	150.816		140	1.4	125.68	175.952
130	2.8	62.84	175.952		150	1.3	125.68	163.384
140	2.8	62.84	175.952		160	1.6	125.68	201.088
150	3	62.84	188.52		170	1.6	125.68	201.088
160	3	62.84	188.52		180	1.5	125.68	188.52
170	2.7	62.84	169.668		190	1.5	125.68	188.52
180	3	62.84	188.52		200	1.6	125.68	201.088
190	2.9	62.84	182.236					
200	3.2	62.84	201.088					

	30 m					40 m		
E-P	RESISTÊNCIA	FACTOR K	APP RES		E-P	RESISTÊNCIA	FACTOR K	APP RES
0,30,60,90	1.4	188.52	263.928		0,40,80,120	0.571	251.36	143.5266
100	0.952	188.52	179.471		130	0.608	251.36	152.8269
110	0.916	188.52	172.6843		140	0.698	251.36	175.4493

E-P	RESISTÊNCIA	FACTOR K	APP RES		E-P	RESISTÊNCIA	FACTOR K	APP RES
120	0.89	188.52	167.7828		150	0.672	251.36	168.9139
130	1	188.52	188.52		160	0.609	251.36	153.0782
140	0.873	188.52	164.578		170	0.587	251.36	147.5483
150	0.812	188.52	153.0782		180	0.55	251.36	138.248
160	0.761	188.52	143.4637		190	0.549	251.36	137.9966
170	0.844	188.52	159.1109		200	0.619	251.36	155.5918
180	0.898	188.52	169.291					
190	0.953	188.52	179.6596					
200	1	188.52	188.52					

	50 m					60 m		
E-P	RESISTÊNCIA	FACTOR K	APP RES					
0,50,100,150	0.395	314.2	124.109		E-P	RESISTÊNCIA	FACTOR K	APP RES
160	0.512	314.2	160.8704		0,60,120,180	0.404	377.04	152.3242
170	0.57	314.2	179.094		190	0.394	377.04	148.5538
180	0.59	314.2	185.378		200	0.398	377.04	150.0619
190	0.555	314.2	174.381					
200	0.454	314.2	142.6468					

TRAVERSE 3		10 m				20 m		
E-P	RESISTÊNCIA	FACTOR K	APP RES					
0,10,20,30	1.3	62.84	81.692		E-P	RESISTÊNCIA	FACTOR K	APP RES
40	1.9	62.84	119.396		0,20,40,60	0.709	125.68	89.10712
50	2.5	62.84	157.1		70	0.556	125.68	69.87808
60	2.4	62.84	150.816		80	0.617	125.68	77.54456

70	1.7	62.84	106.828		90	0.626	125.68	78.67568
80	2.3	62.84	144.532		100	0.582	125.68	73.14576
90	1.8	62.84	113.112		110	0.577	125.68	72.51736
100	2.8	62.84	175.952		120	0.602	125.68	75.65936
110	3	62.84	188.52		130	0.574	125.68	72.14032
120	1.7	62.84	106.828		140	0.519	125.68	65.22792
130	1.5	62.84	94.26		150	0.537	125.68	67.49016
140	1.8	62.84	113.112		160	0.569	125.68	71.51192
150	2	62.84	125.68		170	0.479	125.68	60.20072
160	1.8	62.84	113.112		180	0.569	125.68	71.51192
170	1.9	62.84	119.396		190	0.59	125.68	74.1512
180	1.3	62.84	81.692		200	0.599	125.68	75.28232
190	1.4	62.84	87.976					
200	1.4	62.84	87.976					

	30 m					40 m		
E-P	RESISTÊNCIA	FACTOR K	APP RES		E-P	RESISTÊNCIA	FACTOR K	APP RES
0,30,60,90	0.128	188.52	24.13056		0,40,80,120	0.07	251.36	17.5952
100	0.153	188.52	28.84356		130	0.098	251.36	24.63328
110	0.208	188.52	39.21216		140	0.128	251.36	32.17408
120	0.244	188.52	45.99888		150	0.13	251.36	32.6768
130	0.269	188.52	50.71188		160	0.152	251.36	38.20672
140	0.372	188.52	70.12944		170	0.155	251.36	38.9608
150	0.489	188.52	92.18628		180	0.157	251.36	39.46352
160	0.311	188.52	58.62972		190	0.181	251.36	45.49616

E-P	RESISTÊNCIA	FACT OR K	APP RES		E-P	RESISTÊNCIA	FACT OR K	APP RES
170	0.273	188.52	51.46596		200	0.207	251.36	52.03152
180	0.295	188.52	55.6134					
190	0.315	188.52	59.3838					
200	0.321	188.52	60.51492					

	50 m					60 m		
E-P	RESISTÊNCIA	FACT OR K	APP RES					
0,50,100,150	0.101	314.2	31.7342		E-P	RESISTÊNCIA	FACT OR K	APP RES
160	0.084	314.2	26.3928		0,60,120,180	0.067	377.04	25.26168
170	0.172	314.2	54.0424		190	0.09	377.04	33.9336
180	0.309	314.2	97.0878		200	0.099	377.04	37.32696
190	0.131	314.2	41.1602					
200	0.128	314.2	40.2176					

TRAVERSE 4		10 m				20 m		
E-P	RESISTÊNCIA	FACT OR K	APP RES					
0,10,20,30	3.2	62.84	201.088		E-P	RESISTÊNCIA	FACT OR K	APP RES
40	3.4	62.84	213.656		0,20,40,60	2.2	125.68	276.496
50	3.2	62.84	201.088		70	1.7	125.68	213.656
60	2.9	62.84	182.236		80	1.9	125.68	238.792
70	3.6	62.84	226.224		90	1.9	125.68	238.792
80	3.7	62.84	232.508		100	2.2	125.68	276.496
90	4.3	62.84	270.212		110	1.9	125.68	238.792

E-P	RESISTÊNCIA	FACTOR K	APP RES		E-P	RESISTÊNCIA	FACTOR K	APP RES
100	4.6	62.84	289.064		120	1.2	125.68	150.816
110	4.5	62.84	282.78		130	2.3	125.68	289.064
120	5.2	62.84	326.768		140	2.6	125.68	326.768
130	4.9	62.84	307.916		150	2.1	125.68	263.928
140	4.8	62.84	301.632		160	2.7	125.68	339.336
150	4.8	62.84	301.632		170	2.8	125.68	351.904
160	4.5	62.84	282.78		180	2.5	125.68	314.2
170	4.4	62.84	276.496		190	2.9	125.68	364.472
180	4.7	62.84	295.348		200	2	125.68	251.36
190	4.4	62.84	276.496					
200	4	62.84	251.36					

	30 m					40 m		
E-P	RESISTÊNCIA	FACTOR K	APP RES		E-P	RESISTÊNCIA	FACTOR K	APP RES
0,30,60,90	1.2	188.52	226.224		0,40,80,120	1.5	251.36	377.04
100	1.1	188.52	207.372		130	1.2	251.36	301.632
110	1.3	188.52	245.076		140	0.796	251.36	200.0826
120	0.519	188.52	97.84188		150	0.8	251.36	201.088
130	1.5	188.52	282.78		160	0.848	251.36	213.1533
140	1.8	188.52	339.336		170	0.763	251.36	191.7877
150	1.1	188.52	207.372		180	1.1	251.36	276.496
160	1.1	188.52	207.372		190	0.904	251.36	227.2294
170	1.4	188.52	263.928		200	0.885	251.36	222.4536
180	1.5	188.52	282.78					
190	1.6	188.52	301.632					

| 200 | 1.1 | 188.5 2 | 207.3 72 | | | | | |
| | | | | | | | | |

E-P	50 m RESISTÊ NCIA	FACT OR K	APP RES			60 m		
0,50,100 ,150	1	314. 2	314.2		E-P	RESISTÊ NCIA	FACT OR K	APP RES
160	0.696	314. 2	218.6 832		0,60,120 ,180	0.543	377. 04	204.7327
170	0.638	314. 2	200.4 596		190	0.335	377. 04	126.3084
180	0.534	314. 2	167.7 828		200	0.483	377. 04	182.1103
190	0.478	314. 2	150.1 876					
200	0.474	314. 2	148.9 308					

TRAVERS E 5		10 m				20 m		
E-P	RESISTÊ NCIA	FACT OR K	APP RES		E-P	RESISTÊ NCIA	FACT OR K	APP RES
0,10,20,3 0	3	62.84	188.5 2		0,20,4 0,60	1.3	125.6 8	163.384
40	2.2	62.84	138.2 48		70	1.1	125.6 8	138.248
50	2.5	62.84	157.1		80	1.3	125.6 8	163.384
60	2.1	62.84	131.9 64		90	1.3	125.6 8	163.384
70	2.4	62.84	150.8 16		100	1.6	125.6 8	201.088
80	1.7	62.84	106.8 28		110	0.987	125.6 8	124.0462
90	1.9	62.84	119.3 96		120	1.2	125.6 8	150.816
100	1.5	62.84	94.26		130	2	125.6 8	251.36
110	3.6	62.84	226.2 24		140	2.1	125.6 8	263.928
120	2	62.84	125.6 8		150	1.5	125.6 8	188.52
130	2	62.84	125.6 8					

140	2.9	62.84	182.236		160	0.406	125.68	51.02608
150	2.5	62.84	157.1		170	0.976	125.68	122.6637
160	2.7	62.84	169.668		180	1.2	125.68	150.816
170	1.9	62.84	119.396		190	0.992	125.68	124.6746
180	1.4	62.84	87.976		200	0.874	125.68	109.8443
190	2.1	62.84	131.964					
200	3.3	62.84	207.372					

E-P	RESISTÊNCIA	FACTOR K	APP RES		E-P	RESISTÊNCIA	FACTOR K	APP RES
0,30,60,90	0.857	188.52	161.5616		0,40,80,120	0.594	251.36	149.3078
100	0.971	188.52	183.0529		130	0.587	251.36	147.5483
110	0.925	188.52	174.381		140	0.546	251.36	137.2426
120	1.6	188.52	301.632		150	1.3	251.36	326.768
130	1.5	188.52	282.78		160	1.8	251.36	452.448
140	2.1	188.52	395.892		170	1	251.36	251.36
150	4	188.52	754.08		180	0.725	251.36	182.236
160	0.978	188.52	184.3726		190	0.411	251.36	103.309
170	0.834	188.52	157.2257		200	0.625	251.36	157.1
180	0.747	188.52	140.8244					
190	0.748	188.52	141.013					
200	0.59	188.52	111.2268					

	50 m							

E-P	RESISTÊNCIA	FACTOR K	APP RES
0,50,100,150	0.468	314.2	147.0456
160	0.629	314.2	197.6318
170	1	314.2	314.2
180	1.2	314.2	377.04
190	0.939	314.2	295.0338
200	0.434	314.2	136.3628

60 m

E-P	RESISTÊNCIA	FACTOR K	APP RES
0,60,120,180	1.4	377.04	527.856
190	0.986	377.04	371.7614
200	0.455	377.04	171.5532

More
Books!

info@omniscriptum.com
www.omniscriptum.com
OMNIScriptum